HANCS
Landscape Planning

上海月湖國際雕塑公園

台灣羅東運動公園

瀚 世 景 觀 規 劃 有 限 公 司
HANCS Landscape Planning Co.,LTD.
www.hancsgroup.net
California　Taipei　Shanghai

绿茵景园工程有限公司
Evergreen Landscape Engineering Co.,Ltd

成都 · 北京 · 上海 · 重庆
CHENGDU BEIJING SHANGHAI CHONGQING

Achievements Starting from Perseverance, Quality Originating from Profession

成就始于执著，品质源于专业

　　绿茵景园工程有限公司作为中国境内专业从事环境景观工程设计与施工的企业，以卓越的专业品质取得了风景园林设计乙级和国家二级城市园林绿化资质，入选园林绿化协会会员单位，《中国园林》《景观设计》的理事单位，多年蝉联最佳园林景观企业，2008 年跻身于中国景观建筑 100 强企业之列，已发展成为中国一流的景观设计、施工营造商。1998 年，绿茵景园开始创业历程，这个充满无限生机和活力的团队经过十多年的蓬勃发展，先后在成都、北京、重庆、上海成立四家公司，业绩遍布四川、贵州、云南、陕西、山东、山西、安徽、福建、新疆、北京、重庆、上海、天津等省、市，现已在国内完成各类大中型设计施工项目 1000 余项，设计年产值超过 6000 万元，施工年产值超过 25000 万元，由绿茵景园设计和施工的项目精品佳作不断且在业界好评如潮。

绿茵景园
CELEC

成都高新区永丰路 20 号黄金时代 2 号楼 2F/3F
电话：028-85142661　85142665　85142667
传真：028-85195002
中国绿茵景园网　www.chinacelec.com
E-mail：cdcelec @ vip.163.com

服务内容：
风景旅游区景观规划设计
中高密度居住社区景观规划设计
度假别墅区景观规划设计
中密度居住社区景观规划设计
商务空间景观规划设计
市政景观规划设计
综合性公园景观规划设计
城市空间景观规划设计
娱乐空间景观设计
工业景观规划设计

COL 中外景观

Chinese & Overseas Landscape

建筑 VS 景观

045

作者：中国建筑文化中心

黑龙江美术出版社

封面图片来源：中创环亚

col 中外景观

图书在版编目（CIP）数据

中外景观. 景观设计与建筑设计 / 中国建筑文化中
心编. -- 哈尔滨：黑龙江美术出版社，2013.8
ISBN 978-7-5318-4164-7

Ⅰ. ①中… Ⅱ. ①中… Ⅲ. ①景观设计②建筑设计
Ⅳ. ①TU986.2②TU2

中国版本图书馆CIP数据核字(2013)第195474号

中外景观 建筑VS景观　作者：中国建筑文化中心
zhongwaijingguan jianzhu vs jingguan

责任编辑：曲家东
出版发行：黑龙江美术出版社
印　　刷：北京画中画印刷有限公司
开　　本：965 mm×1270 mm 1/16
印　　张：8
字　　数：200千字
版　　次：2013年10月第1版
印　　次：2013年10月第1次印刷
书　　号：ISBN 978-7-5318-4164-7
定　　价：45.00元
(本书若有印装质量问题，请向出版社调换)
版权专有 翻版必究

主管单位 _ The Competent Authority
中华人民共和国住房和城乡建设部

编辑单位 _ Editing Unit
中国建筑文化中心
北京主语空间文化发展有限公司
北京城市画卷文化传媒有限公司

协办单位 _ Co-Sponsors
欧洲景观设计协会
世界城市可持续发展协会

支持单位 _ Supporter
全国城市雕塑建设指导委员会
上海景观学会
厦门市景观绿化建设行业协会
北京屋顶绿化协会
中国乡土艺术协会建筑艺术委员会

主编 Editor in Chief
陈建为　Chen Jianwei

执行主编 Executive Editor
肖峰　Xiao Feng

策划总监 Planning Supervison
杨琦　Yang Qi

编辑记者 Reporters
肖娟　Xiao Juan　刘威　Liu Wei

海外编辑 Overseas Editor
Grace

网络编辑 Overseas Editor
程 璇　Cheng Xuan

美术编辑 Art Editor
魏千淮　Dave　周丽红　Zhou Lihong

市场运营总监 Market Operations Director
周玲　Zhou Ling

市场部 Marketing
刘坤　Joy

联系方式 Contact Us
地址 北京市海淀区三里河路13号中国建筑文化中心712室（100037）
编辑部电话 （010）88151985/13910120811
邮箱 landscapemail@126.com
网址 www.worldlandscape.net

合作机构 Co-operator
建筑实录网 www.archrd.com

广告设计 _ Advertising Design
墨客文化传媒有限公司

建筑 VS 景观

纵观世界历史园林景观发展历程，无论是西方园林还是东方园林的景观设计一直是围绕着建筑设计为重点而展开的，而景观学说中建筑只是人工景观中的其中分元素之一，因为建筑是人们生活空间的主要载体，从而弱化了对自然景观的重视，人们日益提高的物质、精神文化需求及对生存空间的优化需求使景观设计成为更加迫切、完善、规范的学科，也是衡量人们生活环境质量优劣的风向标，随着经济持续快速的发展，使人们已不是单纯的让景观服从建筑的单线发展，而是愈来愈注意到建筑配合景观设计的双线发展方向。在这样的背景下可能我们会提出一个问题："在不久的将来景观设计与建筑设计谁将成为谁的主体，还是和谐双线合一的发展方向呢"？这将是一个对人类生活空间和生活品质影响深远的话题。而建筑设计的生态化方向也愈来愈大势所趋了，它具有生命力的象征，以我们的生态景观环境更和谐的形象出现，使建筑更近一步参与周边自然景观的对话，让人们的生活更加舒适和放松，让人居美化的环境更长久的持续发展起来，能让人们的生活体会到人与自然和谐发展带来的具大收益也是科学进步带来的优势具体表现。

本期《中外景观》以"建筑设计与景观设计"为主题，以采访、对话的形式，邀请著名设计师、学者及建筑景观教育者对二者的关系进行分析阐述，从不同领域、不同角度出发，全面剖析实际工作中或者教育体系中的建筑设计与景观设计的区别和联系以及将来二者的融合及分裂趋势。

本期国外版块的主题是东南亚景观，作为与我国一衣带水的东南亚地区，他们的景观似乎很少被国人所关注，但是通过本期《中外景观》的展示，我们发现，在这些似乎很少被国内同行侧目的区域，也有着让人耳目一新的天地。

《中外景观》编辑部
2013年10月

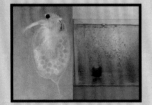

理事单位 Members of the Executive Council

副理事长单位

 EADG 泛亚国际
CEO 陈奕仁

 海外贝林
首席设计师 何大洪

 上海贝伦汉斯景观建筑
设计工程有限公司
总经理 陈佐文

常务理事单位

 东莞市岭南景观及
市政规划设计有限公司
董事长 尹洪卫

 夏岩文化艺术造园集团
董事长兼总设计师 夏岩

 杭州神工
景观设计有限公司
总经理 黄吉

 上海意格
环境设计有限公司
总裁 马晓暐

荷兰NITA设计集团
亚洲区代表 戴军

 SWA Group
中国市场总监 胡颖

 深圳禾力美景规划与
景观工程设计有限公司
董事长 袁凌

 北京道勤创景规划设计院
总经理 彭世伟、设计总监 陈燕明

 上海国安园林
景观建设有限公司
总经理助理兼设计部部长 薛明

 北京朗棋意景
景观设计有限公司
创始人、总经理 李雪涛

 加拿大奥雅
景观规划设计事务所
董事长 李宝章

 道润国际（上海）
设计有限公司
总经理兼首席设计师 谭子荣

 北京天开园林
绿化工程有限公司
董事长 陈友祥

 济南园林集团景观设计
（研究院）有限公司
院长 刘飞

 深圳文科园林
股份有限公司
设计院院长兼公司副总经理 孙潜

 天津市北方园林市政
工程设计院
院长 刘海源

 绿茵景园工程有限公司
董事长 曾跃栋
执行CEO 张坪

GMALD 杭州林道
景观设计咨询有限公司
首席设计师、总经理 陶峰

 杭州泛华易盛建筑
景观设计咨询有限公司
总经理 张挺

 南京金埔
景观规划设计院
董事长 王宜森

 天津桑菁
景观艺术设计有限公司
设计总监 薛义

 苏州筑园
景观规划设计有限公司
总经理 张术威

 杭州易之
景观工程设计有限公司
董事长 白友其

 杭州八口
景观设计有限公司
总经理 郑建好

 上海太和水
环境科技发展有限公司
董事长 何文辉

SPI 广州山水比德
景观设计有限公司
董事总经理兼首席设计师 孙虎

 LAD—上海景源
建筑设计事务所
所长 周宁

 瀚世
景观设计咨询有限公司
总经理（首席设计师）赖连取

 汇绿园林建设
股份有限公司

 河北水木东方园林
景观工程有限公司
总经理 冯秀辉

 北京三色国际设计
顾问有限公司
董事兼首席设计师 陈昌强

 上海亦境建筑
景观有限公司
董事长 王云

 上海欧派城市雕
塑艺术有限公司
董事长 崔凤雷

 武汉中创环亚建筑景
观设计工程有限公司
总经理 于志光

北京都会规划设计院
主要负责人 李征

会员单位

 浙江城建园林设计院
所长、高级工程师 沈子炎

 重庆联众园林
景观设计有限公司
总经理兼首席设计师 雷志刚

 上海唯美
景观设计工程有限公司
董事，总经理 朱黎青

Contents 目录

杭州神工景观设计有限公司
杭州神工景观工程有限公司

市政公共绿地　　住宅区环境　　公园景观　　道路景观　　厂区景观

JOIN US

景观设计师

景观工程师

期待您的加入，成就我们共同的梦想

ABOUT US

专业、敬业、成就伟业

神工景观成立于2002年10月

专业是公司发展的方向，在市场化细分的今天，强调公司的

专业化方向、专业化的技术人员、专业化的组织管理、专业

化的技术服务……

专业化的一切是公司在激烈的市场竞争中立于不败的保障。

敬业是公司的操作模式，只有本着真正为客户着想的态度，

才能运用自身的专业水平为客户提供完善的产品、妥帖的服

务。本着专业的方向，敬业的态度，成就伟业的决心，神工

景观将执着的求索。

电话：0571-88396015　88396025　　　　传真：0571-88397135

网址：www.godhand.com.cn　　　　　　E_mail:GH88397135@163.com

地址：杭州市湖墅南路103号百大花园B区18楼　　邮编：310005

《对话式设计——gmp建筑师事务所建筑作品》国际巡回展在北京国博举行

Dialogue type design - GMP Architects Architectural Works International Traveling Exhibition was Held at the Beijing National Museum

以《对话式设计》为主题的冯·格康，玛格及合伙人建筑师事务所（gmp）建筑作品国际巡回展于8月8日在由该事务所完成改造扩建设计的北京中国国家博物馆南8展厅举行，整个巡回展持续到8月25号。会展首日，曼哈德·冯·格康、尼古劳斯·格茨事务所合伙人斯特凡·胥茨与吴蔚，以及中国建筑设计行业知名人士和其他重要嘉宾出席了开幕仪式和随后举办的设计对话会。

事务所创始合作人冯·格康先生在开幕式上进行了以"城市格局中公共空间的意义"为题的精彩演讲，在他看来对公共空间的考虑是涉及建筑社会责任的问题，整个演讲中冯·格康先生通过了gmp所设计的众多建筑作品阐释了公共空间的功能、作用以及重要意义。随后围绕此次展览及gmp在华十几年的项目经验进行了两场研讨会，研讨会中gmp合伙人斯特凡·胥茨与尼古劳斯·格茨同中国建设设计行业知名人士共同探讨了"对话设计"以及"中德环境下建筑设计的差异性"相关的具体问题，并获得与会人士的好评。

《对话式设计——gmp建筑师事务所建筑作品展》此次巡回展以多种形式展现了gmp在世界四大洲的建筑作品的全貌：阐明设计理念的草图与建筑图纸、以三维体量表达设计构思的建筑模型以及记录落成建筑的实景照片和影片。通过展览详尽地呈现了gmp建筑作品所遵循的理念，即互通互证的"多样性"和"统一性"理念，这也是gmp提纲挈领的设计原则之一。建筑的社会责任也在此次展览中得到了展示，既可以通过建筑的"流动性"和"都市性"得到实现，也可以通过建筑的"创新性和独特性"进行审视。

天开园林成立十周年庆典活动圆满落幕
——回顾天开历史，展望美好未来

新闻
News
文 / 许允强　图 / 高立

TianKai Landscape Held the Tenth Birthday Celebration

2013年5月8日，重庆天开园林股份有限公司（以下简称"天开园林"）在重庆金源大酒店举行了隆重的庆典活动，热烈庆祝天开园林成立10周年。天开园林总部和分公司领导、各分公司员工代表及受邀嘉宾等，共计200人参加了此次庆典活动。

此次活动以"十年缔造基业，成就筑建未来"为主题，通过一系列视频短片让公司员工更加详细地了解了公司的10年发展历程，展现了公司实力和未来发展方向。公司董事长兼总裁陈友祥先生、常务副总裁谭勇先生在"虽由人作，宛自天开"的巨幅卷轴上落印"天开十年"，庆典活动正式拉开序幕。

活动期间，为答谢老员工10年来对天开园林的无私奉献，公司举行了10周年奉献奖的颁奖仪式，4名获得10周年奉献奖的员工不仅和大家分享了自己10年来的心路历程，感谢天开园林对他们的培养，还表示一定以身作则，在今后的工作中奋勇当先，为公司做出更大的贡献。各公司领导层的代表也在活动期间做了演说，讲述各自眼中天开的变化和发展，并表示对天开的未来充满信心。

天开园林各分公司为向公司10周岁生日献礼，都精心准备了自编自导自演的歌舞、相声、诗朗诵等娱乐节目，同时，陈友祥和谭勇两位领导对天开园林的10年历程做了总结，并展望未来10年的愿景目标。活动最后，陈总、谭总共同邀请分公司10位总经理点燃公司10周年生日蜡烛，为天开的未来许下美好愿望。

表演结束后，大家共享晚宴，并进行抽奖活动。庆典活动在优美的歌声中拉上帷幕，天开园林10周年庆典活动圆满落幕。

中外景观"建筑、景观实践系列论坛"
之"景观设计材料的应用"主题论坛圆满结束

News >

历经2天密集的演讲发言、研讨，及8位邀访专家的讲座，中外景观"建筑、景观实践系列论坛"之"景观设计材料的应用"主题论坛于2013年8月24-25日在北京裕龙国际大酒店第九会议室圆满落幕。专家们重点强调景观材料在景观设计中的应用，这次论坛共有来自全国各地区300多名专家和学者的参与。

特邀主持中国建筑文化中心陈建为主任为开场致辞，参加论坛的有来自北京林业大学教授苏雪痕，北京市园林科学研究所总工程师丛日晨，法国埃尔萨景观设计事务所董事长皮埃尔·阿兰·费得乌，澳大利亚澳派

景观规划设计工作室执行董事克里斯·罗修，北京林业大学副教授王沛永，思朴国际（SPD）总裁、联合创始人（原AECOM中国可持续发展中心总经理）李凤禹，上海太和水生态科技有限公司副总裁张宏伟，北京大学光环境研究所主任许东亮。

苏雪痕和丛日晨两位教授从学术研究角度对园林植物的开发与应用做了深度阐释，丛日晨教授认为："民族园林设计语言并不匮乏，缺的是从容和自信"，他研究的课题"用地带性植物做蓝本，在城市中模拟建植乡土植物群落景观（从设计到建成）"展现了乡土植物在城市景观中可以起到非常重要

的生态作用。苏雪痕教授作为园林植物界的泰斗，对我们国家的风景园林行业有着高度的责任感，认为做园林最根本最首位的就是改善人居环境，而生态植物占据了主导地位，在我国有3万多种植物，居于全世界第三，资源是相当丰富的，设计师们最重要的任务，就是将这些植物科学、艺术的应用到实际方案中去。

法国埃尔萨景观设计事务所董事长皮埃尔·阿兰·费得乌，演讲的主题是"景观设计的一个观点，一块地，一个想法，一个项目"，他阐述了在中国住宅景观设计中，缺少的是意境，并无主旨贯穿其中，在中国园

Chinese and Overseas Landscape "Landscape Design and Material Application" under "Landscape & Architecture Practice Forum" Ends Satisfactorily

News >

林中甚至一块石头的形态也是景观的本身。澳大利亚澳派景观规划设计工作室执行董事克里斯·罗修，演讲的主题是以"悉尼中央公园垂直绿化"项目为案例，阐述了生态建筑的真谛，悉尼中央公园垂直绿化项目是目前澳大利亚最大的绿色种植墙（种植了800棵植物，能够抵御8级大风），这个项目在四个方面重点突出：植物攀爬、种植土、种植地、种植种类都是史无前例的。

思朴国际（SPD）总裁、联合创始人（原AECOM中国可持续发展中心总经理）李凤禹，演讲的主题是"诗意的生态景观"，对景观设计的应用发表了5个观点：①、景观再生城市化，②、景观颂赞生态自然，③、景观讲诉光阴的故事，④、景观需要为人而来，⑤、景观需要为未来留白。

针对景观材料本身的应用问题，北京林业大学副教授，园林工程专家王沛永就当前风景园林材料的运用特点做了分析并且阐述了当前在风景园林材料运用的趋势与存在的问题。上海太和水生态科技有限公司副总裁张宏伟展示了上海太和运用食藻虫生物科技引导水体景观与生态修复的技术，阐述了"太和治水"的思路——水是有生命的，水生态恢复自净的关键问题是：生成平衡即生产者、消费者与分解者之间的必然联系。

而针对景观照明的重要性，北京大学光环境研究所主任许东亮以"什么是景观"展开了演讲的话题，阐述了他的观点——"睁开眼看到的都是景观"，"能够找到有文化的东西，把灯光照过去，灯光就是有文化的东西"。

本次论坛，是《中外景观》"建筑、景观实践系列论坛"的一部分，将来，《中外景观》将定期举办本系列论坛的分主题论坛，力求打破当下景观行业缺少声音、缺少实践性话题的现状，为中国的风景园林事业的良性发展做出努力。

文化的 秀与售

秦颖源，AIA, ASLA，

寰景工程（上海）设计总监
美国注册建筑师

>>Show and Sale of the Culture

在距上海城市中心约 40 km 的西郊有一座保留着传统江南水乡特色的古镇——朱家角，虽历经沧桑，但由于近年来旅游和地产开发的推动，将原本残存的寺庙、园林、茶楼酒肆修整得古意盎然，人头攒动。应区府之邀，一位旅美的著名华裔音乐人士将一处贴水民居改造成音乐会所，定期演奏由古典弦乐和现代摇滚结合演绎水乡风情的"实景水乐"，虽票价不菲，但在周遭常规的水乡旅游节目之外，却是一抹令人耳目一新的亮彩。

此档节目最值得称奇之处不在于音乐舞蹈编排的本身，而是打开建筑临水的界面，让门窗外的水光舟影和隔岸危耸的禅院古刹一同成为鲜活的舞台背景。但如果这些挪借的背景只是被动的入画，充其量不过是选址的匠心，称不上构思的独创。所以当室内乐声缓缓响起时，凝神屏息的观众耳中飘来僧

人诵经的梵音，这可不是后台音响师或幕后伴唱的造势，却是隔水相望的佛塔上凭栏站立的一列披袈佛门弟子的现场吟唱，夕阳余晖诗画般的场景引得在场者无不出神动容。

当有人问及该音乐策划人是否邀请了河对岸禅院的僧人参加演出，他的回答很巧妙："……演出时，正是僧人做'晚课'的时辰……只有听到彼岸的禅声时，'建筑音乐'的实景水乐才能有机地和观众分享"。这个解释似乎在表达一种不经意的巧合借景关系，令观众相信演出和僧人的同时出现不是刻意的安排，淡化人为斧凿的痕迹。

自然界有很多现象是循蹈固定周期的，日出日落，月盈月亏，甚至黄石公园的地热喷发，都是可以精确预测，但掺杂着人情世故的社会文化现象，往往并无普世准则，因人因时因势而异。僧人以"晚课"之名参与商业演出并无不妥，既能彰显佛法庄严，感

染受众，也符合传统宗教文化的社会生存法则——因果报应，善恶轮回，许愿还愿宣扬的不都是等价交换、利币交易。对观众而言，在一种"巧合"的真实环境中带着惊喜体味演出的意境效果显然比单纯的布景舞台剧深刻得多，这也就达到了音乐策划人的初衷。

设计师经常把设计职业作为一种纯净的文化创造行为来对待，发现大多数文化价值最终是通过产品的推广来实现。没有产品的社会认可，文化只能是小众的自娱自乐。文化只有通过秀（表演）和售（经营）才能持续生存发展，在这个层面上，古镇的礼乐诗书和满街飘香的扎肉、熏青豆并无本质区别，但文化更需要一个包装，在简单产品的基础上增加价值最大化的精神渲染和感官激励，设计师的作用莫非就在此。

Architectural
Landscape Design

Fantasy

泛华易盛

创造经典、成就品质

Create a classic, and achievements in quality

景观设计 LAMDSCAPE DESIGN　　•　市政项目规划 Municipal project planning

居住环境项目规划 Living environment for project planning　　•　公园及娱乐项目规划 Parks and recreation project planning

History:

Fantasy international Design Group是意大利得优秀景观建筑设计公司，进入中国市场为更好适应中国本土文化，特整合中国美术学院优秀的设计团队，成立了泛华易盛建筑景观设计有限公司。自2002年成立以来，凭借强大的专业阵容，多元的文化背景，多学科的专业组合，成为地产运营设计机构的领跑者。

Structure:

泛华易盛地产运营设计机构致力于整合策划、设计、资金多方资源，以设计为核心服务于政府机构和地产开发商。泛华易盛地产运营设计机构是一家是集"项目研究、投资咨询、旅游规划、景观与建筑设计、营销策划"五位一体的专业资源整合型研究机构。以旅游规划、建筑及景观设计等设计业务为依托，服务链延伸项目策划、项目开发运营与投融资产业相关领域。把不同专业、角色和资源融合在一起，利用先进的技术更好地理解和表达人与自然最本质的关系。

Goal:

公司目标：公司致力于在旅游地产、休闲地产、商业房地产以设计为核心，整合多方资源优势，使得土地和项目得到最大的价值体现。泛华易盛坚持"团队职业化、业务专业化、常年顾问化"原则。汇聚了房地产策划师、营销策划师、旅游休闲规划师、城市规划师、景观设计师、建筑设计师、投资银行经理等十余种不同学科及专业的精英人才，立志成为国内规模最大、专业配置最全面、创新能力最强的地产运营设计机构。

联系地址：中国杭州市西湖区紫荆花路2号杭州联合大厦A3-506

P 310012　T 0571-88361370　M 18868785777 13082841328　E hzhouse@126.com　W www.fanhua.plusbe.com

景观规划设计院

www.wksjy.com

专一，专业，专注
文科专心服务*17*年

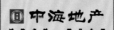

风景园林设计专项甲级	国家城市园林绿化一级
高端住宅区景观设计	市政公园规划设计
旅游度假区规划设计	河道景观规划设计
城市综合体景观设计	高新园区景观设计
中国园林绿化企业十强	中国地产园林领先品牌

深圳文科园林股份有限公司
SHENZHEN WENKE LANDSCAPE CORP., LTD.

地址: 深圳市福田区滨河大道中央西谷大厦21层
电话: 0755 36992000　传真: 0755 33063736
客服: 400 698 1038　邮箱: e-mail@wkyy.com

哲学引领 公众同行

Li Fengyu >> Being Leaded by Philosophy, Being Stay with the Public

李凤禹

中国注册城市规划师
中国城市规划学会会员
思朴国际（SPD）总裁
原易道中国区城市规划设计总监
原美国 AECOM 中国区可持续
发展中心总经理

COL: 李先生，您好，在城市设计的过程中，如何对城市设计进行前期分析？

李凤禹：城市设计和景观设计目前经常遇到的问题是缺乏听到真正的公众声音。如果无法确切知道公众内心的真实想法，前期的分析就变得例行公事，脱离实际。

过去我们的设计研究经常是非量化的定性分析，很容易不自觉地走向政治化或商业化。为某些利益阶层而非大众进行城市设计或景观设计，更多的时候是在进行设计美化运动，到处都在追求高、大、奢、美，背离公众价值取向，却鲜有人对此进行反思。

即使听取了公众的建议，设计方案的预测，最好采用量化手段来评估那些对最终决策有影响的因素或力量。此种方法会因评估因素增多而使方案更全面，避免因为主观臆断而使结果变得随意，变得易于掌控和服务社会公众。

COL: 是不是因为城市设计涉及到的不同阶层的立场就很难平衡？

李凤禹：这也是城市设计的挑战和乐趣所在吧。快速妥协或者回避应有的立场，是众多设计师在现实处境中的普遍做法。设计师会因过度沉迷于自己的专业而产生技术化自闭倾向，忽视与社会大众的接触和协商。在设计过程中一旦遇到政治或商业因素的影响时往往会觉得孤立无援从而妥协屈服。要规避这个问题，必须从两个方面入手，一是坚持职业理想，用更加乐观的心态去面对设计过程中遇到的困难挫折及压力，要达到这个层次的修为，设计师需要对设计带有宗教般崇敬的情怀，把挫折和困难当作是一次修行，坚守信仰，那么相应的羁绊也就迎刃而解。另一方面就是要与公众和传媒多些接触，除了上面提到的公众的力量，传媒的社会聚集效应越来越显著。越来越多的媒体人对社会的关注度和敏锐度日益加强，他们对社会的理解也远深于设计师。因此，城市设计师与公众和媒体的协作能够快速找到项目与社会公众的结合点，帮助设计师克服自身专业自闭倾向，发挥自身的专业优势，通过公共参与也可进行多专业的协作，从而实现经济、社会、环境的可持续发展。

COL: 但老百姓与设计师的专业水平不处在同一水平的，并且设计师也很忙，如何实现与民众协同。

李凤禹：尽管设计师这个圈子的确有些曲高和寡，但设计师从来不缺乏社会情怀，专业水平差异和时间筹措是协作的限制要素而非决定因素。在民众的话语权越来越大的今天，设计师应该敏锐地感觉到仍然以设计师为中心的做法将很快落后于时代，所以必须以一种全新的理念和思路进行城市设计。即邀请公众来制定城市设计目标的制定并参与城市设计方案的设计，以及最终方案决策的选取过程中来，才能使城市设计变得更加符合实际，更具远见，更好地改善公共生活。设计行业中优秀人才济济，问题是城市快速发展的专业压力将设计师与社会逐渐隔离，随着中国经济发展速度的理性回落，设计师有时间和机会与社会公众更好地结合，因此，当务之急是创造各种机会让设计师融入到社会中来，整合各种力量，怀着将城市建设的更美好的崇高理想进行务实的专业实践。

COL: 设计师除了协助公众参与设计方案的制定，是不是也应该对决策者施加些影响。

李凤禹：设计的目的并不是去直接影响决策者的。决策者最终确定方案的因素主要来自两个方面，一方面是社会经济发展宏观环境和微观环境的具体约束。另一方面，是公众不断增长的发展需求。决策者会在宏观决策的同时，因公众的需要而对方案进行调整以便维持社会的稳定。目前，房价居高不下，现任政府最应该做的是做大做强实体经济，挤掉房地产泡沫，让城市生活的压力降低，生活品质不断提高。

COL: 我觉得从社会道德层面，房地产的现状也折射出人们内心的欲望过度，应该节制某种过分的欲望，让它保持在比较适度的状态上，这样的话也许我们的生活变得更好。

李凤禹：非常同意您的观点。现象的形成是由很多要素构成的，并且各种要素此消彼长，只关注某个因素可能会对这件事物带来致命性的打击，最好是让各种因素达到平衡。如果我们只考虑城市发展的利益诉求，

坚持职业理想，用更加乐观的心态去面对设计过程中遇到的困难挫折及压力

城市道德和文化就会沦陷，带来的后果甚至可能是毁灭性的。在当今大的社会背景之下，城市发展中出现房地产过热的问题，大多数设计师会选择屈从，设计师虽然力单位卑，仍然需要重归职业操守、严于律己。从善如流、坚持原则、服务公众。

同时，这种情况的出现跟我们的社会经济发展状态和公众的整体心态也是密不可分的。经济呈现出的快速发展的状态，生活节奏也很快。面对如此快速变化的经济、社会环境，人的选择往往会随波逐流，难以坚守自己的立场。在这种环境中人必须要找到能够支撑自己的力量，这些力量绝对不会来自表面现象，它更需要朴素的哲学沉思和对未来的想象力。

COL: 谈到哲学引导的思维方式，中国讲求变通，因此中式的思维方式会比较自由，而西欧追求体系的完整，这是否在某种程度上影响到了城市设计。因为严谨，欧美的城市设计就很少出现严重的问题；因为自由，我们的城市设计就会经常出现各种问题。

李凤禹：我认为不能把城市设计中出现的问题简单归罪于东方哲学，它其实是我们现在的思维方式表面化导致的。东方哲学中天人合一思想仍然值得我们坚持和发扬，而不应东施效颦，顾此失彼。西方的哲学未必优于东方哲学，东方哲学与西方哲学的差别是从两个不同的方向来看问题，最终殊途同归。

中国哲学讲究变通，通过因势利导达到平衡和协调。现代很多一成不变的设计样式，其实反映的是社会思维的表面化和僵化，并不是东方哲学的具体表现。东方哲学是非常灵活的，追求的是在动态中获取平衡。现在围绕利益钻牛角尖的固化思维问题，根源在于本质的趋利化和思维的表面化。

道家思想讲一生二、二生三、三生万物，要求我们把握事物的本质。城市设计的本源是为了创造更美好更幸福的城市。把握这个基本出发点我们在项目研讨和城市设计过程中使得整体系统良性发展。这跟西方哲学系统化的城市设计其实没有什么本质区别。只有克服思维的表面化和单一化，在出发点正确的前提下进行广泛协作，汲取各个方面的观点，以真实的语境作为设计语汇，不过度设计、夸大、美化设计，便能使规划设计变得更有建设性和前景。

现在设计行业出现了不少文化商人式的明星设计师，经常为了商业利益抛弃职业道德，为商业利益而鼓噪奔走。这种现象对我们的启示是守住灵魂底线，坚持设计行业的责任和使命感，这些在国内设计行业很少有人在谈，西方设计师在这方面往往更成熟。西方哲学中存在很多让我感动的思维方式，比如我们到底应该建成什么样的世界，我们的使命到底是什么、如何量化的理性思考等等。

COL: 可能社会节奏太快让设计师没有时间去深思，还有就是设计师的话语权也比较少，使他们主动性的发挥受到了限制。

李凤禹：其实设计师并不需要很强的话语权，他不需要为某个或某些群体代言。设计师首先要学的是听，倾听关于设计的来自各方面的意见；其次是想，冥思苦想，对设计所涉及的各种因素都要进行仔细考虑；再次是取舍、排序，不可能把所有事情都考虑进来，只能处理些与设计有关的比较重要的事情。最后是具体的实施，这个过程要考虑到协作问题，因为个人的专业和能力都是非常有限的，项目设计需要很多人的共同合作才能完成。

当然还要不断进行反思。好的设计方案是在不断的思考改进基础

上才能变得更好，出现了一些差错就需要及时改进，这种反思对规划设计行业非常必要，它可以避免思维表面化。至于话语权，现在很多人出于各种目的去索要它。设计师需要把政府、开发商和公众的利益联合在一起。三者之间并不存在绝对的对立矛盾。政府希望城市会变得更好，开发商是帮助政府去投资建设，只不过开发商会有利润方面的考量。所以设计师有没有话语权和能否把政府、开发商和公众结合在一起相比，并不是最需要的。

COL: 他们三者拥有共同的追求目标，可能是因为他们的认识水平不同以及看待问题的角度不同，在沟通上出现了问题才产生了一些矛盾。

李凤禹：的确是社会沟通方面出了问题。造成了社会隔膜和社会分裂。针对现在社会不同阶层和群体之间的互相不满与指责，更应该做的是鼓励社会各阶层之间进行公平对话。通过对话才能增进了解，从而适度改变自己使社会变得和谐。当今社会分裂很容易，一个恶性事件就足够了，但达到真正的和谐很难。没有了诚信，给出的诺言就很有可能变成戏言、谎言。随着法制社会的建设，设计行业要更遵纪守法，善于有效沟通才能够在项目设计时倾听不同的声音，也能在各方信息的反馈中产生更多、更好的新创意想法。

COL: 很多时候设计师也想获知公众的看法以便对自己的设计进行修改，但是在公众集体失声的大背景下做这件事

很难，这样设计师就无法了解公众心中理想的城市是什么样子的。

李凤禹：理想城市，不同阶层或不同年龄段的人会有不同的看法，如果问城市设计或者景观设计成功的标准是什么，那就是它能为公众带来正效应，而不是能获得多少奖项。学术上的奖项只是部分专家为某些作品评分，它是不能完全代表大众的，能获得大众的认可才是成功的最终标准。

设计师在进行设计的时候本身存在一定局限性，设计师做方案时会钟情于某种形式或模式，并带有些许的英雄情结。更有甚者，那些唯吾独尊式的个人风格设计是个人意志殖民，因为民众只能被动的接受。

设计有时候做的简单些效果可能更好，越简洁的设计语言反而能给人无限的想象，现在我们的城市设计和景观设计堆砌太多。设计不可以模式化，不宜复杂化，模式应该提供的是一种简单有效的量度工具。景观设计的目的是让人可以享受环境，现实却是城市到处被各式奢华景观占据着，让人无处立足无处可逃。

COL: 进行景观设计时，如果能考虑不是我要做什么而是我不去做什么，可能会更好一些。

李凤禹：这句话很精妙。以后做设计之前，我会先问问自己应该不做什么。虽然我们要做什么但从另外一个方向思考，这种有益的思辨，能提醒设计师应该如何谨慎地开展构思。

微观环境是宏观环境的组成部分，宏观环境的关注对于整体协调，更好地特色化塑造微环境提供了更大的视视野和格局。

COL: 现在一些城市设计或景观项目政府重点打造，设计师精心雕刻，开发商铺天盖地宣传，本应获得公众的认可才对，但事实却并不尽然，原因何在？

李凤禹：人们来城市的目的很简单，是为了接受更好的教育，为了更好的工作，归根结底是追求更高品质的未来生活。这也是城市发展的根本动因所在。人的选择，可以用脚可以用手。假若一座城市不能够提供越来越好的生活，人们就会离它而去迁徙到另一座城市。现在一些城市的归属感、幸福感在不断地流失是不争的事实，这不是靠单个项目各方面的竭尽全力就能弥补和挽救过来的，它需要在城市整体环境层面从下至上的内在和外在的多元改变。

归属感与地缘感也不完全相同。归属感是精神层面的意味更浓，与物质层面的关系不是太大。要实现公共满意，设计师能做的就是人性化设计，创造归属感。当设计让公众觉得是为他（她）进行而且能够尽情享用的时候，归属感就会自然而然地产生。

当然归属感是有阶段和梯度的，要循序渐进，不可能一蹴而就，而且它的实现肯定是在一定范围内慢慢实现的，量变才能形成质变。乌托邦式的理想主义同样值得警惕。

您前面提到的问题不难解答，不为人设计，只关注过度的形式和体量，没有注重城市人文场所的创造，设计引导人际交流的作用很弱，忽略了人们精神上的需求，公众自然很难认同。

COL: 城市设计的很多问题都要上升到区域层面后才能得到解决，如交通系统问题、环境污染与治理问题，这样的话会不会影响到微观场所的设计和营造。

李凤禹：两者并不矛盾，城市设计进行宏观考虑的目的正是为了微观塑造。很多微观事物是有独特性和差异性的，属于不同质的东西，是难以取舍的，这就需要用具有包容性的宏观大格局进行统筹。微观环境是宏观环境的组成部分，宏观环境的关注对于整体协调，更好地特色化塑造微环境提供了更大的视野和格局。只关注一个微环境无异于坐井观天，城市设计需要社会协同，需要开放的心态，才能从容面对时间和空间的不断演变。关于如何适应变化需要进行更加深入的探讨和更精细的研究，城市就是在变化中才能越来越好。

开发商、建筑师及

景观设计师

许志坚

华夏幸福基业有限公司 副总经理 / 总规划师
汉密顿规划与建筑设计有限公司 PRINCIPAL
美国 WHA 国际规划与建筑设计有限公司 (William
Hezmalhalch Architects, Inc.) SENIOR ASSOCIATE
清华大学 EMBA 课程规划与建筑设计客座教授
印尼力宝集团（LIPPO GROUP）大学兼任教授
美国 LEED AP
美中绿色能源促进会会员
（US-CHINA GREEN ENERGY COUNCIL）
美国德克萨斯大学奥斯丁分校 建筑与城市设计硕士，台湾
中原大学 建筑学士
主持 / 主创或参与的项目（已建项目）：中信集团，青岛璞
玉岛项目 - 5 星级 STARCK 酒店及高端湖滨别墅社区、
美国 Pulte/Del Webb 集团，北加州 Union Ranch 养老
度假社区规划及建筑设计、美国南加州 LADERA RANCH
小镇规划及住宅产品设计、印尼巴厘岛度假高尔夫社区规
划及建筑设计等、悦榕庄酒店集团黄山度假别墅区。

COL: 您既做过甲方，也做过乙方，不同的立场看待建筑设计与景观设计有什么不同吗？

许志坚： 从大的方向来看应该是不谋而合的。作为甲方，主要看待景观及建筑设计如何为项目带来"最大价值"。这价值可以是商业的，人居环境的，文化的，或国际名片效应的等等。无论哪种价值甲方都希望设计能在时间轴及市场轴上取得最好的品牌及口碑。而作为乙方，无论是建筑师或景观师，必须时刻考虑以人为本及环境为本的设计，把项目最终的服务对象锁定为使用者及环境，而不是单单考虑如何展现设计师个人魅力的设计理念。所以无论甲方还是乙方的立场，都认为景观和建筑的关系非常密切，较狭义直观地说，建筑是容纳某种用途功能的"壳"（Shelter），走出这个壳就是室外景观。室外景观也许是建筑本身取景的要素之一，但建筑本身也是大景观之一—"景"。

COL: 您对以楼盘为主项目的景观设计如何考量？

许志坚： 我在开发商及规划设计公司担过职，做楼盘项目时，对景观设计有两个考量：第一是景观设计如何带给楼盘最大的价值，得到购买者或居住者在视觉、使用及维护上的认可。这里面有长短时间轴的考核，也是考核设计师及开发商的专业成熟度。第二是考虑景观设计对"大环境"及"本土文化"的冲击影响。举例而言，大环境指的是地下渗水率，截水池对下游区域的影响，生态洁水沟（Bio-Swale）、植被用水量等等的考量。本土文化指的是当地的景观风格及文化积淀？在中国第二层次的考量是有的，但尚未完全被社会或市场重视。据我了解，还未完整地写入审批要素及流程。

COL: 对于一级开发项目的城镇景观和二级开发项目的楼盘景观，在实际的设计创作中有什么主要区别？

许志坚： 大观念应该大同小异，仍是以人和环境为主，只不过项目的尺度不同而考量因素不一。

一级开发的户外空间简单地说就是道路、广场、城市公园等的公共开放空间（Public Open Space），是楼盘小区以外的建设。实际的设计创作中此种城市景观因为服务对象的广度及复杂度而必须考量的因素较多，有时政治因素、区域经济、甚至国家政策等等都可能成为左右设计的因子。在美国因为有民众参与或公听会条款导致审批程序长，深深考验设计师的毅力。

而住宅楼盘的二级项目中，主要考虑的还是服务楼盘的群体。

COL: 您现在接触的开发商是不是仍然认为景观环境是为建筑服务的？

许志坚： 至少对我不是，而且问题也不该如此悲情。现在的中国较十多年前对景观的认识有了很大的变化。虽然崇洋媚外心态依然存在，但群众对景观的重视已大大提高，购买房子都会比室外室内环境、比面积效率、比材料配套，所以开发商为追求最大的销售额，就要做好景观，以大视野大观念来做项目才能收到好的效果。

COL: 景观设计师和建筑设计师在具体的

Xu Zhijian >> Developer, Architect, and Landscape Architect

++

项目合作中会有冲突吗？最后如何协调？

许志坚：不是冲突，而是偶发的理念摩擦而产生的讨论。其实这是好的现象，国内外都会有。成熟设计师应有专业涵养来正视此等现象，因为互相尊重学习才是合作拓展的平台，是硬道理，而且对"结项"有利。如真到了需要协调的阶段，甲方来协调比较容易，因为无论哪一方基本都会听业主的意见。在中国，多数情况是建筑方案及扩初做得差不多后才开始景观设计，如此一来双方的冲突空间不大，也造成国内设计公司电脑制图上较少用"xref"外部参照这个指令。

COL: 您觉得这几年景观设计和建筑设计之间的地位或交流互动关系有没有比较明显的变化？

许志坚：有。住宅类建筑设计为主的项目变化较大，因为国人越来越追求全方位的生活品质，这样就相当于促使开发商需要更全方位地考虑，建筑设计师和景观设计师的合作也要越来越密切，有些乙方已经提供"一站式"服务，就是把规划、建筑、景观，甚

至室内设计都一起做。整体趋势是两者的互动越发成熟，这是好的，但还不够，还要等到我们的民主意识更成熟，民众对自我文化认同及对国土环境的限制因素更了解了，我们的居住环境才会真正更加成熟。"美丽中国"的目标只有在以上三点的群体意识成熟后才能是真正的美。

COL: 您希望在具体的项目中，建筑设计和景观设计是以怎样的关系存在？你作为甲方是如何协调把控的？

许志坚：建筑设计与景观设计应该是相辅相成的关系。作为甲方，要先做好项目的定位定性策划，然后把各个步骤时间节点及不同设计公司的角色任务理清并有效统筹把控，在一定阶段让建筑和景观设计师一起协商总结，尤其在要交底的时候，对甲方值得一提的有两点：

1. 设计公司不是万能的。不能把项目的策划定位、市场内容、开发模式资金流，及大交通环境等任务全放在建筑或景观设计公司肩上。

2. 协调把控最大的目的莫过于让甲方在有效的节约时间内，做出满意成果。如这假设成立，那就尽量别做虚工。虚功之一也许是前期定性定位工作没做好或开发模式未想好，导致设计变更多次。另一种虚功可能是过于重视汇报的形式主义，导致设计公司厚厚的汇报文件里有60%-70%都落入前期分析及务虚的描述，真正的设计成果并没多少。

COL: 在住宅的项目中，您对一起合作的景观设计师通常有什么要求？

许志坚：甲方而言主要就是上面提到的。以建筑帅的角度，是希望景观设计师能为我的建筑加分。

COL: 您对目前中国景观行业的发展有什么建议？

许志坚：不说建议，只说对自己对环境对设计行业的期许吧：真正的"美丽中国"——一个可辨识、有认同感、充满环境意识的美丽中国。

景观与建筑协同创作
相得益彰

李存东

中国建筑设计研究院环境艺术设计院院长、总建筑师
中央美术学院建筑学院课程教授，硕士生导师
注册城市规划师，一级注册建筑师，教授级高级建筑师
代表作品：奥运会国家体育场（鸟巢）景观设计、布达拉宫周边环境整治及宗角禄康公园设计、北川新县城灾后重建景观设计等。

崔海东

中国建筑设计研究院总院副总建筑师、建筑专业院副院长、第三建筑设计研究室主任，中国建筑学会建筑理论与创作学组委员
清华大学建筑学学士、硕士，教授级高级建筑师、国家一级注册建筑师、注册城市规划师
主持完成了众多大型项目，发表多篇学术论文，获各级嘉奖。曾入选"150名中国建筑师在法国"项目，荣获中国建筑学会"2003中国青年建筑师奖"、"第五届中国建筑学会青年建筑师奖"等。

COL： 景观和建筑作为城市的两个重要组成元素，在我们的生活中有哪些异同和关联？在实现具体项目时，景观设计师和建筑设计师有没有沟通合作？

李存东：我对建筑和景观的理解是，建筑首先要以人为主体，而景观更重要的是平衡人和自然的关系。因为建筑的起源就是为人类生产生活提供舒适的环境，组成建筑的元素很大程度上是经人类加工后的材料；而景观则一定回避不了自然，它从自然中来，还要到自然中去。自然中的土地、树木、河流是景观的主要造景元素。建筑和景观的关系主要由两个语境决定，纯建筑语境下，景观可能是建筑的延伸，而在景观的语境下，建筑就是景观的一部分，所以有人提出大景观的概念。

我是建筑师出身，后来做了景观设计师，而实际上做景观后我又在和建筑师合作，包括建筑项目中的景观、景观项目中的建筑，就像中国建筑设计院既有建筑又有景观，现在我们还有规划，实际上它们都是一个整体。尤其在现在的环境下，我们一直没有脱离与建筑师的合作。

崔海东：在我看来，建筑、景观、室内这些领域，都是大建筑学范畴之内的，因为建筑可以被理解为名词，也可以被当做动词，建和筑，建可能偏向于建筑，筑则有筑景，景观也需要人工的一些操作，是对自然进行整理、构筑。所有这些都是人类对自然界的调整和改造，营造出新的人居环境的过程。

起初在实施中，规划、建筑、景观和室内的确有一种先后顺序，是彼此分开的领域，但现在越来越趋向融合，无论是先后次序，还是合作方式。在一个项目的前期，建筑和景观设计师一起涉入、共同讨论，形成的作品会更完美。如果沟通得少，最后很容易造成建筑与景观的割裂。所以作为建筑师，最希望和景观设计师密切合作，共同完成一个设计作品。在合作中还有一个要求，就是最好双方都能有比较宽广的视野，建筑师了解景观，景观设计师了解建筑，甚至他们自身就可以做些景观设计或建筑设计，有双重身份的人在一起合作，就能找到很多交集，合作会非常默契。纯粹的建筑师和纯粹的景观设计师合作，冲突通常都会多一些。

Li Cundong, Cui Haidong >>
Create the Landscape and Architecture in Tune, to Highlight Each Other

++++++++++++++++++++++++++

COL: 常听到一些景观设计师抱怨建筑师太强势，而另外一些景观设计师是完全把自己放在末位，自动认为景观就是去填充建筑之余的空间，崔总在与景观设计师的合作中会遇到什么情况？

崔海东：一种情况是景观介入得比较晚，这通常与甲方项目组织有关，景观设计工作签约较晚，这样景观相对来说就会被动一些，很难与建筑师共同碰撞出火花。还有一种情况是景观设计师对建筑理解局限，创作中较少与建筑师沟通，只在自己的范围内做自己的事，这些情况做出来的效果经常很不和谐，

比如建筑是现代的，而景观设计是古典的风格，完全是隔离的两个场景。有的景观设计师的作品对环境改动较大，叠山理水之类的大工程，对建筑影响较大。如果双方有很好的互动沟通，就不会出现这些情况，问题会在互动的过程中化解。

COL: 崔总在与景观设计师沟通时，会觉得有时景观设计师介入太多吗，甚至是变更建筑设计的建议？

崔海东：有的景观设计师的想法的确对建筑设计有促进，我们就会采纳。所以大家的观念应该还是开放的，沟通后相互融合，

然后才能达到和谐的效果。

COL: 与景观设计师合作后，您现在对景观设计有认识上的转变吗？

崔海东：有转变，最开始我认为建筑是有自身的一套完整系统，而景观就是填缺补漏。后来发现远远不是那么简单。景观更贴近自然，是建筑与自然的中间体，或者说是人接触自然的媒介，离开景观的建筑是很孤立的，如同红花和绿叶，没有绿叶的红花是很难存在的。所以好的景观与建筑是互相增色、相得益彰的。

COL: 您二位在具体的合作项目中，有什么感触和心得？

李存东：我们合作完成的首都博物馆是一个比较典型的例子，那个项目的主体是建筑，环境很小，因为紧临长安街，所以景观的地位也非常重要。建筑设计的墙面肌理是比较模数化的概念，所以临街景观是用模数化的绿篱呼应建筑，延续建筑的设计理念。建筑东侧景观与建筑的下沉庭院相协调，设计了一个竹院，并且将竹子的景观延伸到室内，这些都是我们一起探讨确定的。

COL: 建筑师会不会有时认为景观侵占到了自己的设计地盘？

崔海东：我们认为好的作品，就是室内、建筑和景观能够一体化。

李存东：我觉得合作的模式很重要，我们是团队合作模式，从建筑、景观到室内。不是把自己圈起来，泾渭分明。景观或建筑有太明显的边界，就很难相互融合。

COL: 现在你们接触到的甲方，在一个项目的前期能有意识地将景观与建筑相融合吗？

崔海东：需要我们引导，有的甲方比较专业，对建筑与景观的关系理解透彻，较容易接受整体设计的理念。但是更多的情况是我们要用专业的知识引导他们，引导之后多数甲方都可以接受。

COL: 李院长做景观设计时，认为已有的建筑设计不合适，或者您觉得应该有更好的方案时，会向甲方提出建议吗？

李存东：会。在一些建筑项目中，有的建筑师认为建筑的想法景观不能影响，作为景观设计师一定要理解这种状态，适当顺应，但对于自己认为是好的想法要尽量去说明，并说服建筑师和甲方。最近我们正在做一个项目，作为景观设计方我们提出了五位一体协同的建议，即规划、城市设计、建筑、景观和环境艺术，包括雕塑、城市色彩、灯光等一系列的设计，都必须协同创作。这个建议得到了甲方和其他设计单位的普遍赞同。我们在北川、玉树援建的几个项目中，统筹力都比较强，北川要3年之内重建一个新城，其项目的最大优势就是规划、建筑、景观一体化，不存在谁做完了就走，各项工作都要统一进行到底。而且我认为将来景观、建筑、规划一定是协同统一进行的，但应该是总师负责制，总建筑师、总景观师，或者总规划师负责，各专业协同配合。

崔海东：在甲方的领导下，建立一个统筹协调的整体机制是最理想的合作，因为靠单方的力量是很有限的。针对具体项目有一个共同的目标，再针对这个目标从各自领域出发实现，这样就容易找到结合点，达成理想的整体项目效果。

COL: 对于一个项目资金的投入，建筑和景观的比重较以前有没有变化？

崔海东：现在随着时代的进步，人们越来越重视环境，对景观的投入也越来越大。过去对景观的建设很简单，现在很多项目的景观设计可以给楼盘增色，大大提高其整体的价值，所以景观的作用和投入都更大了。

李存东：10年前我们在和万科合作的时候，万科就对景观设计很重视，资金投入也较大，在销售导向中景观甚至成为首要因素。但现在我觉得景观有种过度设计的倾向，靠过多投入去换取的奢华景观，不一定是适合的景观。最早北京回龙观的经济适用房，景观投入约60元/m²，当然现在看这个价位很难实现效果，但我们当时调整了设计思路，靠设计做出了适合的低造价景观。10年前万科的景观投入是每平方米两、三百元。我们做的万科紫台项目的投入达到了400元/m²，当时已经是相当高的价位了。现在四五百元的单方投入已经很普遍，样板区甚至超过1 000元，排除物价上涨因素也有些高了。我认为景观的好坏不能单纯通过高投入去换高品质。

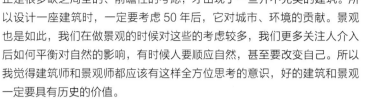

崔海东：很多景观设计师过于强调了景观部分，追求名贵植物、加大水面造价等。其实好的景观设计应该是很朴素、得体、与建筑相得益彰的。

COL： 崔总对我国建设大行业的景观设计师群体有什么建议，包括景观的发展现状、知识结构水平？

崔海东：近几年景观的确有了很大进步，但我认为还不够，景观设计师的水平还需要提高，所以我认为景观仍处在需要再提升的阶段。现在表现不足的主要是景观设计师的多数从业人员较建筑帅略低。同时我认为景观学应该向广义的建筑学靠拢，这样可以有更大的提升，所以在我的眼里景观也属建筑学的范畴。

COL： 针对与景观设计师实际的合作，您对建筑师有什么建议？

崔海东：建筑设计师需要有更宽的知识面。在我看来，建筑师对景观一无所知是根本不能成为建筑师的。建筑师只有对建设的事项都非常专业，才能称得上是一个合格的建筑师。现在由于学科的隔离，大家都各自学习学科范围内的知识，在文艺复兴或更早时期的西方，真正的建筑师都是有很宽的知识面，建筑师的水平和社会地位都很高。

COL： 教育体系针对这些应该做些什么？

崔海东：教育体系要引导，甚至要有所转变，因为建筑教育应该涵盖很多领域的知识，而不是局限领域内很精深的科目。

COL： 李院长作为景观设计师，对景观设计、景观设计师和建筑师有什么建议？

李存东：在我亲历的这10几年里，确实体会到景观的快速发展，具有更加专业化、个性化的趋势，民营公司也都有自己高水平的工作室团队。而且从社会角度看，我认为景观市场较建筑市场更具有自由多选性特征，因此也形成了竞争促进发展的态势，这都是比较好的现象。比如我们有委托设计的项目，更多的是参与社会竞争的项目，而且重要项目内部也要有方案比选，可以研究怎么做更合适。这种环境下，更利于促使景观的发展。

我觉得现在建筑师更倾向于关注城市，将建筑更多考虑为城市的一部分，所以建筑师应该有对社会和环境等诸多因素的关心，而不仅仅是限定在一个地块，给市民做一个

建筑首先要以人为主体，而景观更重要的是平衡人和自然的关系。

地标，要在更大范围的环境里思考，甚至考虑这个建筑是否有必要建设。正是很多缺乏周全的、前瞻性的考虑，才出现了一些并不完美的建筑。所以设计一座建筑时，一定要考虑50年后，它对城市、环境的贡献。景观也是如此，我们在做景观的时候对这些的考虑较多，我们更多关注人介入后如何平衡对自然的影响，有时候人要顺应自然，甚至要改变自己。所以我觉得建筑师和景观师都应该有这样全方位思考的意识，好的建筑和景观一定要具有历史的价值。

COL： 经济发展水平不同的地区在建筑和景观的投入比例上有差异吗？

李存东：我觉得一定有差异。人们往往认为景观和装修有些类似，都有锦上添花的价值。十大建筑从建国时就有，但早期很少有装修的概念，景观当时也就是基本绿化。只有社会经济发展了，才有可能慢慢探讨美的问题，装修、景观才逐渐盛行。社会经济发展到现在，一线城市和二三线城市也是有区别的。但经济发展是环境改善的一个必然引导，但不是唯一的引导，因为我相信60元或200元都可以做出很好的作品，二线城市也可以做出符合市民的设计，所以我现在倒比较反对过度地设计，即使在一线城市，也应该尝试每平方米投资200元，实际上有的地方更适合简单的设计。我们更应该关注环境的品质而不是关注经济投入。

崔海东：我觉得景观设计师应该更多关注不发达地区的景观设计。因为那些地方通常已经有一些标志性的优秀建筑，但这些建筑的周围，景观或室内却仍然很糟糕，因为人们通常更愿意投资建筑的建设，而建筑之外的景观就与发达城市的差距较大。所以景观设计师、地方政府或业主，要特别注意经济落后城市景观，就像在欧洲比较好的城市里，让人感觉特别舒服的常常是城市景观或小品设施。实际上我们和国外一些很好城市的差别其实最大不在建筑上，而在景观、环境和城市公共设施上。如同温饱和小康，温饱阶段可能盖一座建筑就很满足了，但小康或者富裕时，居住以外的其他很多就会被更加明显地意识到。

严谨的设计
自律的职业
态度
素质

端木歧

北京山水心源景观设计院院长，中国风景园林学会常务理事，中国风景园林学会规划设计专业委员会副主任委员，北京园林优秀设计评选委员会评委，北京市园林绿化局专家库专家，石家庄市人民政府专家顾问。全国绿化奖章获得者，风景园林专业高级工程师，其作品涵盖北京近30年来众多重点园林项目，并多次获得设计大奖。

COL: 在过去大家的认识里，建筑和景观都是一体的，像中国的古典园林。去年景观学升级为一级学科，有人担心这样会隔离其与建筑的融合关系，您是怎么看待这个问题的？

端木歧：在回答你的问题之前，我想我们应该先统一一下对"景观"和"风景园林"这两个词的说法，以免我们后面在谈到此类问题时，由于理解或表达方式的不同而引起歧义。

对于"景观"和"风景园林"一词，学界一直存在着争论和不同看法，我认为这很正常，应该允许不同的学术观点同时存在。我不想在这里就此问题进行讨论，但为了表达的方便与清晰，我认为我们应统一先称为"风景园林"，因为首先是去年"风景园林"学科升级为一级学科。国际风景园林师联合会谈到此类问题时，已经明确承认

"Landscape architecture"的中文翻译为"风景园林"。"中国风景园林学会"已经加入"国际风景园林师联合会"，英文简称为"IFLA"，我国已是"IFLA"的会员国。这个问题明确后，后面的问题就好讨论了。

关于你上面提到的问题，我个人认为有点偏颇。因为无论从学界，还是老百姓，大多都认为"建筑"与"风景园林"是两个行业，只是认为这两个行业或学科离得比较近，关系比较密切，有时是你中有我，我中有你。

"风景园林"成为一级学科，说明这个学科在中国的快速发展中，它的地位提高了，它在国民经济建设中的作用被大众普遍认识了，学科体系更加完善了，但并不说明它和建筑学、城市规划学科相割裂。恰恰相反，在学科发展中，这些学科将会更加融合，更加交叉。风景园林学科的发展也必将会带动、促进相关学科的快速发展。

COL: 您在做风景园林设计时，如何考虑其和周围建筑的搭配？

端木歧：做任何一个"风景园林"的设计项目，不只是要考虑和建筑的关系，而是还要考虑与周边交通、地形、地下管网等环境各方面的关系。举例来说：在一栋公共建筑前面设计一个公共空间，风景园林师就要考虑建筑的功能、高度、光照、色彩、交通流向、建筑风格等各个方面，他的设计语言就要与建筑相协调。而作一个公共绿地或公园时，则要求建筑师在设计建筑时的功能、风格、色彩、形体等要满足公园总体风格的需要。所以在做项目时，需要风景园林师与建筑师密切合作，相互理解与包容，只有这样，才能做出优秀的作品。

COL: 请您以一个实例说明您和建筑师的合作收到了好的效果？

端木歧：我们做任何一个优秀的设计项

北京市大屯文化广场

北京湾

Duanmu Qi >> Strict Manner in Designing, Self-discipline in Occupational Qualities

++

目，都离不开建筑师的配合，以及上下水、电等相关专业技术人员的配合。第九届园博会总体规划设计是我们近期完成的一个项目，也是综合性较强，比较有代表性的一个项目。占地约 2.67 km²。这个项目就是由风景园林师、建筑师、水电工程师、道路市政工程设计师等组成联合设计团队，一起合作、工作了一年半，完成从概念设计到施工图设计的全部工作。没有相互理解与沟通、没有团队精神，合作是行不通的，也不可能圆满完成这么大的设计作品。

COL: 沟通过程遇到问题怎样协调解决？

端木歧：这需要具体问题具体分析，依照行业规范，各抒己见，以主体项目的需求为准，求大同存小异。在一些艺术性设计的观点上，需要局部的利益服从整体的利益。比如建筑为主的项目中，我们风景园林设计就需要放低身份甘当绿叶，尊重建筑师的意见，陪衬建筑而做，但是碰到一些原则性的问题和强制性规范要求，我们必须坚持。

COL: 近几年甲方对园林和建筑的要求有什么变化？

端木歧：地产开发商近几年的变化确实很大，早期地产商在项目运作前期是想不到让建筑师和风景园林师进行交流合作的，通常做法是建筑师、规划师把点图做完后，风景园林师再去填空式完成园林景观，这样后期实施时会遇到很多室外园林环境与建筑风格、功能不协调的问题，但是已经既成事实，最后造成园林环境与建筑的结合很不完整。近些年，大家对园林环境重要性的认识越来越清晰，开发商拿到地块后，会把建筑师、规划师和风景园林师找到一起商量，甚至有些开发商会干脆把总图交由风景园林师做，之后建筑师再完成里面的建筑部分。这样的配合方式大家已经接受了，最终室外环境与建筑结合得会非常好。开发商的这种进步很关键，能够引领大众对园林环境的重视。过去老百姓买房只注重房子里面的漂亮与否，现在买房除了会注意户型等室内环境外，也特别关注园林环境，对室外环境、绿地面积、大树覆盖、物业等也都非常重视。人人都明白，买房要"室外看环境，室内看户型"。

COL: 您对近几年中国快速发展的风景园林行业有什么看法？

端木歧：可以说中国的风景园林行业近10 年的发展的确非常迅速。好的方面来看，首先从政府到老百姓都对这个学科和行业有了更深层次的认识和重视，在整个国家经济发展和城市建设的过程中，风景园林学科的地位和作用越来越明显。第二，风景园林行业所覆盖的领域也越来越广泛。从国土规划，沙漠风沙治理，河湖两岸生态植被恢复，到废弃地的生态修复再利用；从高速公路选线、到湿地公园建设；从居住区园林景观到休闲度假村园林设计，到处都有风景园林师参与的身影。第三，与国际同行开展了广泛的交流与合作。在与国际同行的学术交流中，了解到更多国际上先进的设计理念和技术。同时国内快速发展的经济建设，也吸引着国外优秀的风景园林设计师来到中国，参与到我们国内的项目设计，为我们国内的城市园林建设注入新的设计理念。这些对行业的发展都起到了巨大的促进作用。

但另一方面，由于近 10 年城市建设发展过快，盲目模仿、标新立异的跟风现象时有发生，所以出现了"千城一面"、"欧陆风"到处刮的现象。不过现在大家心态已逐渐平和，这些现象也在渐渐退出市场。在我国城市建设的大背景下，风景园林行业正在探索一条更适合国情的健康发展之路。

COL: 您认为国外园林有哪些是特别值得我们学习的？

端木歧：我认为最值得学习的是他们对待行业科学、严谨的态度和平和冷静的创作心态。在国外的很多地方，对待园林景观已经不再盲目地单纯追求美观，他们把实用、生态、可持续，包括低碳等理念非常认真地贯彻在每一个项目的实施过程中，无论道路绿化、厂矿企业绿化等都会更关注环境的可持续发展问题。而在国内，更多时候我们只是停留在形式和口号上，没有落到实处，或者说能够落到实处的项目还比较少。

COL: 针对我们国家风景园林发展不足的地方，您认为有什么解决的办法？

端木歧：首先是提高认识。确实要认识到"风景园林"在整个城市发展中的地位和作用，认识到它是活的城市基础设施，对于改善城市的生态环境，提高城市居民的生活质量起着不可替代的重要作用。第二是夯实基础。一方面加强"风景园林"学科的科学技术含量和系统性，加强学科体系建设，提高风景园林专业技术人才的总体素质。另一方面，要加强"风景园林师"的职业素质培养，一个合格的风景园林师，要有自己的职业道德底线，能够自律，不能人云亦云，不能因为单纯追求经济效益而丧失原则。第三个方面是加强苗圃建设。目前我国的城镇建设速度很快，园林建设的工作量自然很大，各城市苗木的需求量猛增。由于各地政府必须要种大树，种大苗，景观效果要求立即见效，

第七届济南园博会—北京园 - 碑对三山

因此，拆东墙补西墙的事情时有发生。所以，苗木基地的建设势在必行，只有这样才能既解决苗木的基本需求，又可以有计划、有组织地开展苗木引种驯化的基础工作，为丰富城市的植物景观打好基础。

COL: 有的人认为风景园林行业的门槛低、技术含量不高，很接近于种树，您是怎么看待这种说法的？

端木歧：之所以说风景园林的门槛低，是因为人们误认为园林能够定量设计的因素较少，从而认为风景园林的科学性不强，不需要科学严谨的设计，甚至在我们国家的风景园林师中也存在这种错误认识。但事实上，风景园林设计一方面要求设计师受过很好的系统的专业基础教育，具备植物学、植物生理学、花卉学、树木学、园林工程学、园林栽培学、园林制图学等几十门专业基础知识，还要有园林规划、园林设计、园林建筑等规划设计学科知识和相应的法律、法规、规范的知识，以及对当地的文化、习俗、风土人情的了解。在设计一个项目时，要同时对当地的人文、地理、气候、环境等多种因素做综合分析后，运用所学的专业知识和自身具备的艺术修养完成设计，因此，真正对一个好的设计师来说要求是很高的。

COL: 您认为好的风景园林项目有什么特点？

端木歧：我想好的风景园林作品首先应该是接地气的，是符合当代中国人的情感和审美的，是风景园林师在研究分析项目所在地的人文、历史、气候、植被等相关信息后创作出的有一定原创性的作品。当然，作品也需符合每个特定项目的功能需求和相应的经济技术指标。

COL: 您对现在学习风景园林的人有什么建议？

端木歧：对于学习风景园林的人，应该注重这样几个方面，首先我觉得应该是系统的学习风景园林学科的专业基础知识，了解我们国家传统的文化历史和造园艺术。第二，就是我刚才谈到的职业道德素质的培养。第三，不断增加实践经验，因为风景园林行业是个实践性很强的专业，只有在实践中才能不断丰富、提高自己的能力，才能成为一名合格的风景园林师。

贵阳小车河生态湿地公园

北戴河红屿别墅

景观与建筑的
融合与隔离

Ding Qi, Jin Qiuye >>
Mixture and Isolation of Landscape and Architecture

+++

COL: 去年景观学已经升级为一级学科，但是建筑较景观更早发展，具有更加完善、系统的理论和技术，您二位作为景观和建筑的教育人，对景观和建筑的发展有什么看法？

金秋野：从教育的角度，我觉得景观从去年成为一级学科后，与建筑的距离好像变大了，在我们学校，起初，景观和建筑的教师都是同样的，现在景观和建筑形成了各自的评价体系和学科内核，培养过程也各自独立，最后可能就会形成景观与建筑的隔离。类似在一个项目中，建筑完成后，建筑师告退，再单独找景观设计师涉入，开始自己范围内的工作，最后很容易形成一个分割的环境。

丁奇：我和金老师的观点有些不同。我觉得建筑较景观先发展起来，更具地位优势，有更好的市场。而中国过去长期以来景观都处在建筑和规划阴影之下，与建筑师的合作中，景观设计师也常常是附属的关系，缺少项目平等对话的机会。

在中国，我认为景观历史的发展有两个非常明显的阶段：古典阶段和现代阶段。在古典阶段，尤其在中国，景观和建筑密不可分，因为过去的中国建筑是匠人做的，古典园林是文人做的，体现了文人的文化情趣和艺术倾向。文人既控制建筑，也控制环境，他们是不可分割的整体。现在的景观学科是针对现在工业城市出现的问题而产生的，和古典园林的那种对艺术和审美的要求都有显著的变化。尤其从 20 世纪以来，景观设计发生了非常巨大的转换，从过去的闲情逸致，追求纯艺术化，转化成现在解决城市问题、社会问题的学科。在当今环境越来越恶劣的形势下，景观所承担的责任也越来越重要。所以我认为现在景观成为一级学科后，也的确存在刚才金老师提到的各学科会互相越来越孤立的问题，但对于这个弱小的学科来说，却至少是获得了一个可以努力发展壮大自己的地位。

丁奇
北京建筑大学副教授

金秋野
北京建筑大学副教授
主要研究方向：当代建筑理论、
建筑评论、宗教建筑

金秋野：我也同意丁老师的说法，就景观自身的发展来说，景观上升到一级学科的确很有价值，而且它未来的发展，也一定会越来越精深，但就整体建设坏境来说，景观与建筑不要太看重各自的学科，而是作为一个相互融合的体系共事，比如学建筑，不要光为了研究有多么漂亮，要用更多的思维来考虑做一名建筑师，这样效果更好，更利于建造出整体的环境。

COL：目前我们国家景观的从业人员，很多是学建筑出身，他们对空间的把握较好，所以作为景观设计师也比较优秀，您二位对这种现象是怎么看的？

丁奇：的确存在这种现象。我觉得小尺度范围的景观设计更讲究空间，是以人的尺度为出发点的，如金老师所说，我们从西方学米的学科都比较孤立，许多学景观的不懂建筑，也不懂空间，而学建筑的则最开始就会受到空间设计训练，这其实是景观学习过程中所欠缺的。社会上有一种观点，认为搞景观就是对树木花卉等材料的栽植，而建筑师则更懂空间，设计最终还是要建筑师来做。虽然这样对景观的理解有些狭隘，但是却从侧面说明目前我们的景观教育是非常缺乏空间的训练的。因为这个学科毫无疑问不是种树的学科，归根到底是在塑造空间，而在一些学校，景观被更多强调的是生态、种植技

术，我认为这些技术并不是这个学科的本质内容，本质是无论什么样的技术、材料，都要塑造出与人相关的空间。所以我认为学科可以独立，但培养体系应该是互相交叉的，但我们国家在这个方面反而越来越割裂。虽然现阶段为了景观的发展，它应该独立以获得更好的机会和条件。但城市规划、建筑学和景观这三个学科的相互交融从长远看，则一定是有益的。

金秋野：我觉得空间的提法过于狭隘，所谓空间的塑造、空间美学等的源头都是现在建筑领域的专业词汇，但实际上空间又是什么呢？不同的历史时期，民族、文化氛围

035

不同，对空间的理解不同。中国传统的园林与今天抽象的几何空间不同，建筑学与景观学对空间的关注也不同，经过建筑专业学习的人，会特别考虑空间的建立，前几天我们的一个研讨会上，总工程师介绍了他的一个新设计，他是作为项目的建筑师，但也设计了一个很有空间感的景观，比如建筑悬挑出来后，下面小院子的景观与之对位等设计，只有建筑师才能做到的一些布局，但是甲方不认可，仍旧另外找景观公司签单独的景观协议，最后的景观是门口两块草坪环绕，草坪上栽几棵树，完全打破了建筑的设计理念，建筑师觉得特别惋惜。但是景观到底是不是建筑师的职责？建筑师理解自然，都进行了图案化、对位、遮挡，没有考虑树的季相特征、造型等，也就不会将其与一面墙建立关系，更没有像古人一样去体会一棵树。但无论哲学，还是美学，隔离都是一个非常严重的问题，所以我觉得思考景观的问题，最好还是能够在一定程度上回到传统，像传统人一样思考，才能跳出一些狭隘的创作。

丁奇：我起初很欣赏中国某些当代景观在解决环境方面所作的努力，但是后来发现他们在设计中强调了运用西方的新技术、新材料等很多内容，却唯独没有注入当代中国的人文精神。建筑师马清运有种观点是：虽然我们用西方的一些方法和技术解决了一些暂时性的问题，但从长久来看，这是有问题的，中国在做中国的东西，它一定跟西方不一样。我认为即使相同纬度的地方有些中国和外国的自然景观有时看起来有些相似，但他们在路线组织，以及周围设施、聚落空间的欣赏习惯都是非常不同的。所以即使自然景观非常相似，但是由于地域文化不同，也会导致游览方式，或者设计的空间方式不同，这就是文化。只要是有人的地方，就不可能割裂文化。所以有些纯用技术来解决问题的做景观的方式，我认为其实这些都忽略了景观的文化属性，这个问题非常严重。

金秋野：其实这也是所谓的认知地图，或者说环境行为学都是把人物简化了，认为人都有一种普遍的行为模式，反映在景观或建筑上，就称为认知地图，好像大家到了这个地方都应该这样，没有个体差异。有些建筑师做景观，把他的思维习惯和现在建筑的一些旧思维都注入到景观设计中，但是我们中国有悠久的历史文化和独特的风土人情，还有我们各自的思维方式，所以这种情况下是否就应该不受那么多规律影响，而是在某种程度上找一条自己的路，应该是一种更有意义的发展模式。

COL: 金老师您刚才说建筑设计和景观设计处在了分裂的状态，那么现行的教育体制，或工作体制等，对这种状态能够有所弥补吗？

金秋野：很多事情只能是自上而下的，我们常批评一些事物，但真要指出一条道路来，其实很难。事实上，我觉得分裂倒不是最重要的问题，最重要的问题是现在的教育很难让学生在感官感觉上有所提升，而这是人的根本。在我们的理念里，一个人的理想状态，就是五官敏感，那样就会感受到树的生命、动物的情感。而现在大家都格式化了一切，然后都用方法、指标量化，最后教出来的人都是一样的人，就

像工业生产线生产的产品，将来他们面对一片场地时，最终的设计质量或许能够保证，但却只能是一个没有感情的、数字化的作品。将来设计工具会进一步发展，甚至可以机械化设计了，就更加接近纯理性了，就彻底把人的感情抹除了，成了没有感情寄托、没有区别的物件，失去了景观最原始的陶冶情操的意义。但实际上，只要回到人的状态去感受，比如触摸这张桌子，你就会知道三合板的桌面不如木头面好。我认为教育体系应该恢复并建立更细腻的学科混合体系，培养更加专业化的人才。

COL: 您在教学中，有将建筑和景观相互融合的意识传授于学生吗？

金秋野：有。我们大一的初步教育是不分建筑和景观的，设计甚至都没有室内外之分，比如大一最后一个设计作业是九宫格空间，在一片平地上设计一种介于建筑和景观之间的东西，其实就是藏园，也就是我们希望把中国意义的园，重新打回到私人对自己空间环境的营造，塑造出一个小环境，这个环境里的一切东西：墙体、柱子等，都是作为这个空间的自然物，这样塑造出来的空间就感觉没有内外之分，只是一个纯美学感受的东西。

COL: 丁老师您觉得作为景观行业应该怎样借鉴发展较成熟的建筑行业？

丁奇：从建筑和景观这个发展来看，我始终认为相对于建筑，当前中国景观的整体水平是很低的，因为缺乏理论的研究，少有人踏踏实实去搞理论方法，所以景观行业的当务之急是思想的讨论、思想的批评。而且很多景观行业的会议学术讨论的氛围也不强，而建筑类的会议，很多的是学术的交流，这也是景观与建筑发展的差别。还有，建筑界已经有了一个批评的群体和批评的氛围，行业的发展需要批评，有批评才能进步。同时我认为现在景观教育缺乏一个完整的，甚至哪怕是借鉴西方的教育体系，我们现在是一个混搭的教育体系，学古典园林、学苏联城市绿化、学美化装饰等，很杂。所以景观行业很多思想都比较模糊，做景观的人也有一种麻木的状态，喜欢埋头挣钱，不愿谈及理论。而建筑教育有相对完整的体系，而且已经有两代甚至好几代的教育发展体系，始终有一个相对完整的体系。这是景观界应该向建筑界学习借鉴的。

景观和建筑是作为一个相互融合的体系共事。

项目客户：中粮集团；中国人民银行；山煤国际；江西五叶集团；山西康宝制药；路劲地产；振业地产；招商银行；211重点高校；鑫茂科技园；天津市政府；宜春市政府；唐山市政府 ● ● ●

桑菩设计
SUNPO DESIGN

桑之以诗意 · 菩之以禅心 · 桑是土地的因 · 菩是人居的缘 · 处处东桑西柳 · 遍地桑野诗趣 · 桑菩引领世人诗意的栖居
2010最具设计创新影响力企业 · 2011 "海河创意奖" · 2012年度艾景奖 "优秀景观设计机构"

天津桑菩景观艺术设计有限公司创立于2003年，以南开大学综合学科优势为依托，集聚国内外知名高校、设计机构的创新设计专家、教授，在进行学术研究基础上以国际交流协作为平台，汇聚最新国际设计理念和技术手段，精心从事景观科研及项目的策划设计，是专业从事地景规划、生态景观设计及相关室内外环境设计的研究设计机构。其工作目标是保护原生态的自然景观、复兴人文地域文化之精华与环境的融合，祈向创新营造 "文化景观" 及与草木禽牲共存，遍地桑野诗趣，引领世人诗意的栖居的 "育人景观"。

天津桑菩景观艺术设计有限公司
地址：天津市南开区长江道92号C92创意集聚区 "6号大艺工场"
电话：022--87601066 传真：022--87601099 Email：sunpo2003@126.com 邮编：300100

From the Past into the Future
– Southeast Landscape

从过去》
走向未来
——东南亚景观

东南亚一般被认为包括11个国家: 越南、老挝、柬埔寨、缅甸、泰国、马来西亚、新加坡、印度尼西亚、菲律宾、文莱和东帝汶。东南亚总面积447万 km²。总人口约5.3亿,大部分为黄种人,包括有属于汉藏语系、印地语系、南亚语系、南岛语系的多个民族,是世界华侨、华人最集中,人数也最多的地区之一。

除了个别国家不临海之外,这些国家都有着长长的海岸线,海域集中在印度洋中。东南亚系列国家的位置很特殊,处于非洲、欧洲、澳洲、亚洲几大板块的交接地,大陆板块的地震作用致使国家板块破裂,号称"千岛之国"的国家在东南亚国家中不少。

气候

东南亚气候可以分为热带雨林和热带季风两大类型,地理上的东南亚主要包括中南半岛和马来群岛两部分。大多数东南亚国家的气候都具有热带气候所具有的高温、多雨等气候特征。

马来半岛南部和马来群岛的大部分都属于热带雨林气候,位于赤道低气压带,全年气温很高,降水丰沛,植物终年茂盛,许多地区分布着茂密的热带雨林。农作物随时可以播种,四季都有收获。中南半岛和菲律宾群岛北部属于热带季风气候。这里一年有旱、雨两季之分。农作物多在雨季播种,旱季收获。热带季风气候区雨水较多的地方分布着热带雨林,雨水较少的地方则为热带草原。正是受这两种气候类型的影响,才有了东南亚国家独特的自然景观、人文景观和当地独特的农业生产类型等。

文化

东南亚的建筑文化深受宗教的影响,主要以佛教为主,所以各国在宗教的影响下所形成的建筑风格有所不同,主要表现在以下几个大的方向。

1. 印支半岛——中南半岛上的5个以佛教为主的国家,建筑样式是佛教宽顶多角塔楼。

2. 马来半岛上的马来西亚、印尼、文莱等建筑风格以伊斯兰教尖顶塔楼为主要特征印尼有自己的印尼风格,跟泰国相类似。

3. 菲律宾、东帝汶和越南建筑样式是西方格调,菲律宾的建筑风格是西班牙和美国相融合,而越南是法国同中国样式相结合,东帝汶是葡萄牙风格掺杂了印尼风格。

东南亚景观特点

1. 东南亚园林最大的特点是还原最自然的风情,给人以随性、热情奔放的感觉,遮阳、通风、采光等条件的关注,且注重对日光和雨水的再利用,从而达到节省能源的效果。所以,外观一般比较通透和清爽,例如百叶式的白色外墙和绿色的墙面。

2. 东南亚风格,给人以随性、热情奔放的感觉。大多采用亚热带植物,以棕榈科为主,地被多搭配阴性植物,如蜘蛛兰、海芋(滴水观音),在软质景观上构建热带雨林效果。硬质景观的选择上主张随意,软石滩、砂岩雕塑、旧木板、方石料等,营造自然舒适的氛围。

3. 充分运用当地材料，如植物、桌椅、石材等都取自当地，强调简朴、舒适的度假风情。植被选取方面，在东南亚热带园林中，绿色植物也是突显热带风情关键的一种，尤其以热带大型的棕榈树及攀藤植物效果最佳，目前最常见的热带乔木还有椰子树、绿萝、铁树、橡皮树、鱼尾葵、菠萝蜜等，地被多搭配阴性植物，如蜘蛛兰、海芋（滴水观音），在软质景观上构建热带雨林效果，在东南亚园林里，婀娜多姿的热带植物，讲究植物的多种形态，表达手法非常人性化，有四季花常开，眼花缭乱的效果。而且东南亚园林对建筑材料的运用也很有代表性，如：黄木纹理，青石板、鹅卵石、麻石等，很接近大自然。

4. 硬质景观的选择上主张随意，软石滩、砂岩雕塑、旧木板、方石料等，营造自然舒适的氛围。

在东南亚景观设计中，地面不需要更多的修饰，越自然越好，流露出粗糙的质感为佳，比如凸出的砖头、石块，如果表面处理得太光滑就失去了原始的味道。在色彩上，没有"程式化"的要求，越接近自然，越有质感的效果就越好。

5. 东南亚风格花园偏爱自然的原木色，以宗教色彩浓郁的神色系为主，如深棕色、黑色、褐色、金色等，令人感觉沉稳大气，同时还有鲜艳的陶红和庙黄色等。大多为褐色等深色系，在视觉感受上有泥土的质朴，加上布艺的点缀搭配，非但不会显得单调，反而会使气氛相当活跃。在布艺色调的选用上，东南亚风情标志性的炫色系列多为深色系，且在光线下会变色，沉稳中透着一点贵气。材料适用为藤、麻等原始纹理材料，用色为暖黄色和深咖啡色。另外东南亚风格主要受到西式设计风格影响后浅色系也比较常见，如珍珠色，奶白色等。

6. 东南亚风格继承了自然、健康和休闲的特质，大到空间打造，小到细节装饰，都体现了对自然的尊重和对手工艺制作的崇尚。庭院中适当点缀富有宗教特色的雕塑和手工艺品。

7. 静态、动态的水在东南亚园林中的运用达到了极致。园林景观中的水，有喷、涌、射、流、落、静6种表现形式。不同的风俗人情、地理环境使得景观水有着显异的差别。在东南亚，因其属热带气候区，水资源丰富。水多以涌、落的形态出现。

即使现在，风格仍然不失东南亚景观特点

东南亚风格就以其东西方文化兼容形成了自己的特色，成为一个独立发展的风格流派。但是随着时代的发展也会在一种传统味道很浓的风格前面增加"现代"两个字，是为了摆脱传统风格中太过古典、不符合现代人审美情操的元素，增加一些能体现现代品味的元素。无论设计师如何在传统风格的基础上去创新，如何把握创新的度还是很有挑战性的。

传统材料与现代材料的融合产生另一种趣味

TROP
采访

The Interview TROP

TROP 是由 Pok Kobkongsanti 先生创办，并配有设计师团队和施工监督团队的景观建筑设计事务所。事务所的理念是为每个项目进行独一无二的设计，我们坚信设计过程如同设计自身一样重要，所以在设计时始终与甲方保持着密切联系。自 2007 年以来，TROP 的项目设计已分布于全亚洲。到目前为止，事务所的业务范围涵盖医院、居住、商务和装置等四大类型在内的很多方面。

今年，事务所凭借 Sansiri 设计的 Quattro 项目，荣获了美国景观设计师协会（ASLA）的住宅设计奖。当然，我们的芭堤雅希尔顿花园酒店被入选《世界建筑》2012 年度新闻的同时，也赢得了泰国地产奖的最佳景观设计奖项。此外，我们在新加坡进行的第一个海景项目也赢得了新加坡地产奖以及住宅设计类别的其他奖项。

Pok Kobkongsanti 先生于 2000 年毕业于哈佛大学设计研究生学院，此后与 George Hargreaves 一起共事于 Bill Bensley 先生的 Bensley 设计工作室。

TROP is a landscape architectural design studio with a team of designers and construction supervisors. Led by Pok Kobkongsanti, our philosophy is to create unique designs for each project that we work on. We believe that our design process is as important as the design itself, so we work very closely with each of our clients. Since 2007, TROP has been working on various projects throughout Asia. Currently, our works include Hospitality, Residential, Commercial and Installation design.

This year, we have recently won an Honor Award in Residential Design from American Society of Landscape Architects, ASLA, for our Quattro by Sansiri project. Our Garden of Hilton Pattaya is also short-listed for Hotel of the Year 2012 by World Architecture News and also won Thailand Property Award for Best Landscape Design. Seascape, our first project in Singapore won Singapore Property Award, Residential Design Category as well.

Pok Kobkongsanti graduated from Harvard University, Graduate School of Design, in 2000. Since then, he had practiced with Mr. George Hargreaves Associates and Mr. Bill Bensley of Bensley Design Studio.

COL: 您对东南亚的景观特色有什么看法?

Pok Kobkongsanti: 东南亚都是小国,不像中国。自古以来,从没有哪个东南亚的国家成为超级大国。我们继承祖先传统,使自己的生活方式与周边自然环境完美相融。灵活性、适应性是东南亚文化的主要特色。这里的人们从不急躁或追求什么立竿见影的效果。相反,我们会让设计追随每个项目自身的标准。

COL: 什么最能代表中国?

Pok Kobkongsanti: 空间。从根本上说,现在只有中国才能让我们有充足的施展空间,哈哈。中国的小项目拿到曼谷来,也是超大型的项目。

COL: 好的设计作品评判标准是什么?

Pok Kobkongsanti: 这该从何说起。好的设计取决于它解决了什么问题。我所确信的一点是,不存在完美的设计。每个设计都有好的一面和坏的一面。这就取决于你如何看待这个设计,一个人可能喜欢得不得了,另外一个人却可能弃之如敝屣。

COL: 您是如何看待设计与自然的关系的?

Pok Kobkongsanti: 当然,自然太过宏伟博大,没有谁能操控得了。与自然相比,我们都只是地球上的过客。很少有人能活过100年。自然却永不消逝。如果你不尊重自然,自然就会给你点颜色瞧瞧。

COL: 您是如何获得灵感并将设计想法实施下去的?

Pok Kobkongsanti: 我的灵感来自很多方面。有时候,灵感来自项目地块本身,来自那里优美的风景。有时候,灵感来自项目业主。有时候,灵感甚至来自地块的不利因素。你只需切实实理解这个项目,灵感自然而然就来了。

设计总监:Pok Kobkongsanti
T.R.O.P. : terrains + open space

COL: What do you think Southeast Landscape Features?

Pok Kobkongsanti: We are small countries. Unlike China, since the ancient time, we have never been the superpower. We adopt and adapt our way of living to compliment the environment. Flexibility is the key of our cultures. We do not force things. Instead we let the design following the criteria of each project.

COL: What is the most representative of China?

Pok Kobkongsanti: Space. Basically, now only Chinese projects give us a lot of space to work on, ha ha. Small projects in China is considered huge projects in Bangkok.

COL: What are the criteria of a good design works ?

Pok Kobkongsanti: There are too many to say. Good design depends on what problems it does answer to. One thing I know for sure, there is no perfect design. Every design has the goods and the bads. Depending on how you look at that particular design. One person may love it, while another would hate it so much.

COL: How do you think the design with nature, respect for nature?

Pok Kobkongsanti: Of course, Nature is too much for anyone to try to manipulate her. Compared to Nature, we are only the visitors of the Earth. Most of us come and go within 100 years. Nature stays forever. If you don't respect Nature, Nature will teach you some reasons.

COL: How do you get inspiration and open work design ideas?

Pok Kobkongsanti: I find inspirations from many sources. Sometimes, it comes from the site, with a beautiful view. Sometimes, it comes from the owner of the project. Sometimes, it even comes from the worst problem of the site. You just need to really understand your projects, then the inspiration will come.

Pok Kobkongsanti, Design Director
T.R.O.P. : terrains + open space

开普敦尼哈拉酒店
Cape Nidhra Hotel

酒店 ▶

　　户外一系列小型箱体式结构令人倍感舒适、惬意，搭配着丰富多彩的景观配置，被打造为小屋、休闲躺椅，或者小餐厅。有限种类的植被和建材使人感觉身心舒畅，而景观总体简洁的设计更增添了静谧之感。

+++

景观设计公司： Shma Company Limite
客户 & 开发商： Kasemkij 公司
设计团队： 设计经理——Prapan Napawongdee
　　　　　　景观设计师——Chatchanin Sung
位置： 泰国华欣
用途： 酒店
项目面积： 6 400 m²
预算： 25 000 000 泰铢
设计周期： 2009-2010
竣工时间： 2011
摄影： Mr. Wison Tungthanya
网址： www.shmadesigns.com

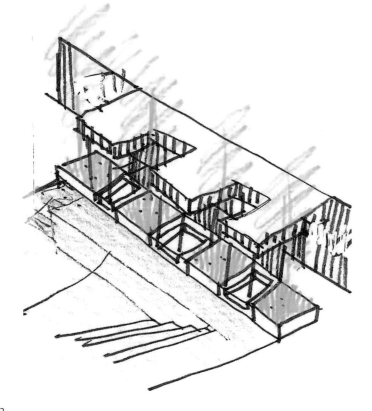

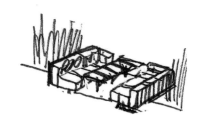

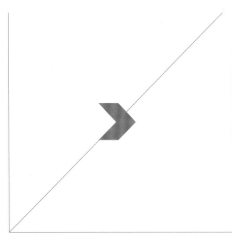

Landscape Architect: Shma Company Limited

Client& Developer: Kasemkij Company

Design Team: Design Director - Prapan Napawongdee

Landscape Architect - Chatchanin Sung

Location: Hua Hin, Thailand

Use: Hotel

Site Area: 6,400 m^2

Budget: 25 Million Baht

Period of Design: 2009-2010

Construction Completion: 2011

Photograph Credit: Mr. Wison Tungthanya

Website : www.shmadesigns.com

Private Court

The experience is enriched with series of private chill-out boxes that serve as Cabanas, Daybeds, Dining Alcoves arranging within various landscape settings. The use of limited palettes of plants and material lend a sense of relaxation accompanying tranquility created by simplicity of the planning.

卡萨德拉弗罗兰酒店
Casa De La Flora

景观建筑师： TROP : terrains + open space
客户： 拉弗罗兰海滨度假村以及水疗中心
建筑师： VaSLab Architecture
整体概念设计师： Anon Pairot 设计事务所
项目经理： Pok Kobkongsanti
项目设计师： Theerapong Sanguansripisut
位置： 泰国蔻立
景观面积： 约 8 800 m²
摄影： Wison Tungthunya

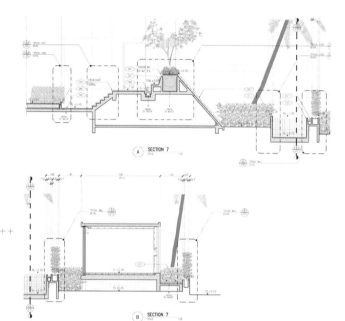

+++

2008 年，VaSLab 建筑事务所接受委托设计卡萨德拉弗罗兰酒店，这是一处位于泰国蔻立的精品海滨度假村。最初的项目地块只有建成后的 1/3，度假村拥有者首先购买了地块左边的一块地，后来又购买了地块右边的一块地，最后，他们还获得了中间一块地的使用权。

在购地的过程中，设计师在已经设计好的总体规划方案中加入一些新的房间。其目的就是，项目团队要慎重解决好地块中央房间的隐私问题。

最初，并没有景观设计师参与到该项目中。项目团队的计划只是在空地上栽种一些树木。2010 年，建设已经完成了 70%，VaSLab 建筑事务所与 TROP 景观事务所取得联系，请其帮忙改造项目的景观环境。当我们第一次造访该地块时，我们发现大部分的土地已经被混凝土结构占据了，几乎没留下景观改造的施展空间。

我们的第一项举措就是开展两项景观改造计划：一是帮忙解决私密性的问题；二是解决度假村缺少绿植的问题。VaSLab 建筑

事务所已经将每个房间打造成为泳池别墅。海滩上的房间拥有欣赏大海的开阔视野。然而，位于地块中央的房间不仅不能欣赏到海景，还暴露在邻近房间客人的视野范围内。

第一项景观改造计划就是要为每一间房设置视觉屏障。为了实现 100% 的私密性，设计师在很多地方设置了垂直景观带。由于设置景观带的空间有限，种植槽只有 20 cm 宽，该景观带即为木质墙体和篱笆的混合体。木质墙体是为了提供必要的私密性，而篱笆是为了给度假村增添一些"绿意"。墙体和篱笆均为内外一体的设计，身处室内和室外的人所看到的的墙体和篱笆都是一样的。

TROP 景观事务所的第二项景观改造计划是给度假村增添尽可能多的"绿意"。因为栽种大树的空间有限，所以第二项景观任务只能在地平面上展开。在建筑设计方面，VaSLab 建筑事务所水池别墅的设计灵感来源"Flora"（植物区系）一词。其隐喻性的设计指"冉冉升起的植物"，每一组混凝土与木结构的别墅代表一种植物类型，从土地中升起，在阳光下绽放。这 36 套泳池别墅的特色在于其倾斜式的墙体和屋顶，这

些锥形元素不仅会令人们联想到"升起的植物"，还拓宽了人们观赏大海时的观景视野。

第二项景观改造计划的设计延续了设计师的隐喻式设计原则。花不能凭空生长，它们是植物的最终产物。新建的通道体系被设计为一棵大树的形象，始于酒店大堂处的一些通道，视为"树干"，在延伸至每间房间的过程中越来越小，视为"树枝"。这些"树枝"被打造在已经建成的度假村办公区的顶部。其屋顶不能承受太多重量，所以，最初这里只是一处大型的石砌广场，但是这样的结构只会在白天积聚太多的热能。

我们想使度假村"变绿"的最后尝试是设置一系列低矮的种植槽，高约 30 cm，被设置在"树枝"之间。设计师在种植槽中栽种了平托落花生，之所以选择这种植物，是因为其能耐受强烈的光照，且不需太多维护，是打造绿色地毯的完美选择。在设计语言方面，这些"树枝"和"绿色地毯"使用与建筑本身相同的设计线条。在整个度假村的内外空间中都能看到这种流畅的线条，这样的线条为整个项目打造出了独特的环境。

Landscape Architect: TROP Co.Ltd (TROP :
terrains + open space)
Client: La Flora Resort & Spa
Architect: VaSLab Architecture
Overall Concept Designer: Anon Pairot Design
Studio
Project Director: Pok Kobkongsanti
Project Designer: Theerapong Sanguansripisut
Location: Khao Lhak, Thailand
Landscape area: approx. 8,800 m^2
Photographer: Wison Tungthunya

In 2008, VaSLab Architecture got a commission to design Casa de La Flora, a seaside boutique resort located in Khao Lhak, Thailand. The original site was only 1/3 of the realized project. La Flora Resort & Spa, the owner, started by buying the land on the left side first. Later they bought another piece of land to the right, and, finally, they got the right for the land in the middle.

During this land buying process, the architect had to add more room units into the already-designed master plan. As a result, the project had some serious privacy issues for those rooms in the middle of the site.

Originally there was no landscape architect in charge of this project. Their plan was just to plant some trees where the space allowed them to. In 2010, after the construction was completed by 70%, VaSLab contacted TROP to join the team to help revising the landscape area. When we first visit the site, we found that most of the site was occupied with concrete, both architectures and also on the floor. There was very little room left for planting anything.

Our first move was to introduce 2 Landscape Systems, one to help solving the privacy issues and the other for the lack-of-green problem in the resort. VaSLab already made each room as pool villas. Those on the beach have a great unobstructed view of the ocean. However, those in the middle did not, and, worse, could see other guests in the room next door.

The first Landscape System was introduced to help screening each room. To provide 100% privacy, a series of vertical landscape was strategically located here and there. Because we had very little room to install this, about 20 centimeters wide for planter space, the system was a combination of wooden walls and hedges. The wooden walls were to provide the needed privacy, while the hedges were to provide some additional "Green" for the resort. Both were switched inside out and

outside in along the elevation of the fence. Every room would see both walls from inside, and, at the same time, other guests would see the same from the outside as well.

TROP's second task was to add as much "green" as possible back to the resort. Because we did not have much space left to plant big trees, our second Landscape System was introduced on the horizontal plane, a ground level. In term of architectural design, VaSLab's pool villas are inspired from the name "Flora". VaSLab's metaphorical design takes on the act of 'arising flora', where each concrete versus wood villa reflects as a flora form, emerges from the ground, and blooms to reach the daylight. Deviated walls and tilted roofs are characterized throughout the series of 36 cubic-form villas, where these tapered elements do not only recall the act of arising flora but they widen the rooms' perspective frames when looking outward to the sea.

The design of our second landscape system was a continued metaphorical story of the architect's 'graphic flowers'. Flowers do not grow by themselves. They are the end product of plant lives. Our new pathway system was a morphological design of one big tree, started with a bigger pathway from the lobby, as 'a trunk', and got smaller and smaller once they were directed to each room, as 'branches'. These 'branches' were built on top of an already-built resort office. Its roof could not bare much loading, so, originally, it was supposed to be a huge stone plaza, which would only heat up the resort during the day time.

In our last attempt to make this resort "green", a series of low raised green planters, about 30cm high, were added in between each 'branch'. Pinto Peanut was our selective choice to be planted in these planters. Because of its strong resistant to harsh sunlight and its low maintenance requirement, this was a perfect choice for our green carpet. In term of design language, these 'branches' and 'green carpet' were designed using the same lines as architectures' ones. The continuity of these lines can be seen through out the resort, interior and exterior, creating a unique environment of the overall project.

清莱中央广场
Central Plaza Chiang Rai

景观设计公司: Shma Company Limited
设计经理: Prapan Napawongdee
高级景观设计师: Chanon Wangkachonkiat
客户 & 开发商: 中央帕坦纳集团有限公司
位置: 泰国清莱
地块面积: 7 780 m²
完工时间: 2011
摄影: Wison Tungthanya
网址: www.shmadesigns.com

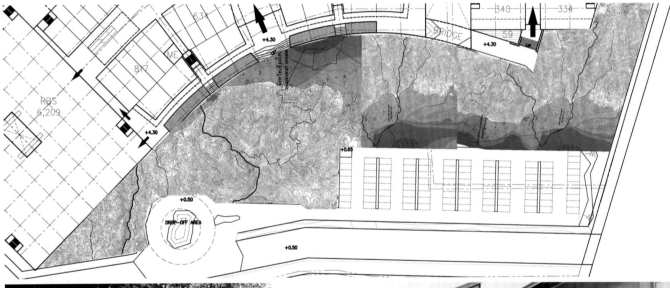

山野风光 ❯

　　该项目所针对的是泰国清莱的第一家高端购物中心，中央帕坦纳集团为其打造了一处开阔的户外公共休闲空间。设计理念是打造出融合各种当地文化的文化广场和停车场，可以举办丰富多彩的活动，丰富人们的城市生活。

　　设计师通过地块北部的山体轮廓线，将周边的山脉风光融入到景观设计之中。山体轮廓线的线条与铺地风格、波浪式的花圃，以及台阶、座椅、水景的外观相呼应。设计师使用了一些很简单的本土素材，如用冲积沙层和水磨石来分别打造人行道和流畅的座椅区。这些材料拥有流畅、柔韧的特性，打造出了自然的外观。

　　该项目所种植的一些本土树种进一步提升了整体氛围，并与当地的生态环境产生良好的互动。以花朵闻名的木棉树有粗犷的外观，为主要树种，其花朵是当地的一道美食原料。每年的1—3月为木棉树花朵的盛放期，亮橙色的花朵与装饰墙体的橘黄色凌霄花，以及其他开花类灌木相映成趣。

　　承接该项目的景观事务所还与当地的艺术家 Master Somluk Pantiboon 密切合作，在层叠式水景上打造出了一组雕塑，共有 5 个作品，作为景观的一大亮点，这些陶瓷雕塑描绘了木棉花的生命周期：从含苞到盛放，再到凋零。

Mountainous Scape

Being the first up-scale shopping mall in Chiang Rai, Central Plaza provides a generous outdoor space for the public to enjoy. Our proposal presents this space as a cultural plaza and park that embraces native culture and identity with various activities to enrich local suburban life.

The landscape design encapsulates the mountainous scene surrounding the site through the interpretation of the northern mountainous contour line characteristic. The contour pattern is reflected in the stark pavement pattern and the shape of undulating flower mound, step, seats, water cascade. Simple local materials like sandwash and terrazzo are used to construct the pavement and the fluid seat respectively. Their flexible nature makes constructing natural form possible.

Selection of native plants further enhances the northern atmosphere as well as corresponding to regional ecology. Red Silk Cotton tree – locally known as Ngiew Tree–is the main feature. It is majestic in form and famous for its flower as an ingredient in traditional delicacy. During January to March, Ngiew's bright orange flower blooms in profusion and is accompanied by orange flowers of Trumpet Vine which covers the wall on the façade and other flowering shrubs on ground.

Shma's collaboration with world renowned local earth artist, Master Somluk Pantiboon, is resulting in a series of 5-piece sculpture floating over cascading water feature. Placed as focal point of the landscape, the ceramic sculpture is depicting the life cycle of 'Ngiew flower' from budding to blooming to withering.

Landscape Architect: Shma Company Limited
Design Director: Prapan Napawongdee
Senior Landscape Architect: Chanon Wangkachonkiat
Client& Developer: Central Pattana Public Company Limited.
Location: Chiang Rai, Thailand
Project Type: Retail
Site Area: 7,780 m^2
Completion Year: 2011
Photograph Credit: Mr. Wison Tungthanya
Website: www.shmadesigns.com

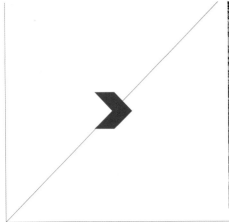

BAAN SAN KRAAM

销售中心

BAAN SAN KRAAM Sales Gallery

+++

景观设计师: Sanitas 设计事务所
客户: Sansiri PLC
项目经理: Sanitas Pradittasnee
项目设计师: Ronarong Chompoopan,
Supavadee Nimawan
项目团队: Rachaniporn Tiempayotorn,
Amisa Ruksiam, Vongvaritt Siwatwarasuk
Idsared Komanee
项目建筑师: Somdoon Architects
项目地址: 泰国碧武里七岩
项目面积: 3 117 m²
景观面积: 2 597 m²
批准预算: 2 000 000 泰铢
完工日期: 2013 年 12 月
撰文: Sanitas 设计事务所
电话: +662 279 1118
邮箱: sanitas@sanitasstudio.com
摄影: Wison Tungthunya

设计理念 ▶

　　该销售中心的主要设计理念是为展现全幅式的景观环境，并使其真正拥有海洋环境的氛围。

　　景观设计为抽象波浪形态的重复表达，从海滩一直延伸到项目的入口处。至于主要的设计理念，设计师对海浪的形态进行了充分研究，并以三维的形式将其展现在景观环境中。雕刻般的座椅从海岸线一直延伸到建筑附近，这些座椅在高度和形态上各不相同。越靠近建筑，这些座椅的外观就越显宁静、柔和。

　　雕刻般的景观可作为活动场地，并将销售中心和滨水区联系起来，作为人造建筑与自然景观之间的过渡。地块上原有的高大的树为整个区域投下了惬意的阴凉，将大自然的剪影投射在人造的景观之上。

Landscape Architect: Sanitas Studio Co., Ltd.
Client: Sansiri PLC
Project Director: Sanitas Pradittasnee
Project Designer: Ronarong Chompoopan,
Supavadee Nimawan
Project Team: Rachaniporn Tiempayotorn,
Amisa Ruksiam, Vongvaritt Siwatwarasuk
Idsared Komanee
Architect: Somdoon Architects
Location: Cha-Am, Petchaburi, Thailand
Land Area: 3,117 m^2
Landscape Area: 2,597 m^2
Agreed Budget: 2,000,000 Baht
Completion Date: Decemeber 2013
Text: Sanitas Studio
Phone: +662 279 1118
Email: sanitas@sanitasstudio.com
Photographer: Wison Tungthunya

Concept

Drawing from the main concept of Baan San Kraam, the sales gallery would be the illustration of overall landscape concept and render the right atmosphere of the nautical concept.

The landscape design was in a repetition of the abstract wave typology, which were continued from the beach to the entrance. From the main concept, we study the form of sea wave and develop it in the landscape form three dimensionally. The sculptural seatings were continued from the beach line, which varied in height and form. The profile of the sculptural seatings were gradually calmer and gentle nearer to the building.

The sculptural landscape would be used as event space and a connection between the Sales gallery and the water front, between the man made and the nature. And the site are grateful with the shade provided by mature existing trees, which cast the silhouette of nature on the man-interpretation of nature.

新加坡科技设计大学
图书馆凉亭
SUTD Library Pavilion

++

网格结构数量：

独特的胶合板：3008

独特的钢结构：585

胶合板压铸模零件：3255

螺栓：192562

螺丝：30039

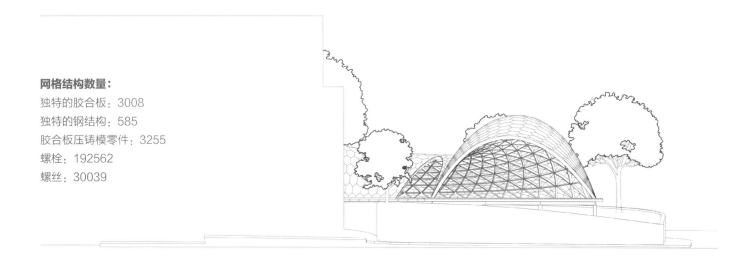

设计者： City Form Lab (Andres Sevtsuk, Raul Kalvo)

客户： 新加坡科技设计大学图书馆（Julie Sabaratnam）

工程师： ARUP(Mike King, Benjamin Sitler, Russel Cole)

施工人员： AIH 以及新加坡科技设计大学的师生

装配团队： Durotec, Subweld, AII I 以及新加坡科技设计大学微观装配实验室

赞助商： AIH, ARUP, Autodesk

面积： 200 m²（遮盖部分），300 m²（平台）

竣工时间： 2013 年 5 月

项目博客： http://cityform.mit.edu/projects/sutd-gridshell.html

通讯地址： 新加坡多佛大道 20 号，新加坡科技设计大学城市景观实验室

邮编： 138682

　　新加坡科技设计大学图书馆凉亭位于临时多佛校园的一处倾斜的草坪上。地块上栽种着3棵大树，还有一处隔声板，将北边高速公路上的噪声阻隔在外。凉亭的网格结构较好地解决了地块的一些限制条件，并赋予现有图书馆建筑后面的户外空间以无限活力。白天，这是一处有遮蔽的户外空间，供大学的师生休息、工作或者闲聊。夜幕降临时，这里成为一处非正式的聚会场所，开展一些晚间讲座或者举行大学的社团活动。书桌、移动式书架、无线网络连接将其转变成为宿舍、教室之外的"第三空间"，在这里，学术交流和社会交际活动可以在非常随意的氛围中进行。

　　使用好材料实现大的跨度打造链状结构具有悠久的历史，遮盖部分为轻型的木质结构，没有使用立柱、横梁或者垂直墙体。设计师使用数字式链条模块来打造高效的双曲度表面。通过花费低廉的现成材料和直线型装配流程，使用计算机设计以及计算机控制的装配进程使该凉亭呈现出复杂的三维立体式外观。不同于钢制网格结构，该项目并没有使用复杂的立体结构接头——所有元素都是在新加坡数控机床上使用胶合板和镀锌钢板打造而成。现场作业涉及整齐有序的3 000块胶合板和600块金属板，这些板材均以一张图纸为蓝图——这张立体的数字图纸告诉人们该把某个组件安装在哪里。在切割打造胶合板和覆层结构时，每处结构均雕刻上了身份识别码，最后完工的建筑结构上还能看到这些识别码，这是一种不错的装饰。开工建设的第一年中，大学的学生们帮忙对组件进行预装配，并与开发商协作使最终的结构矗立在地块上。按照设计，该凉亭在投入使用两年之后将被拆除，并投入到循环利用中去。

Grid Shell Facts:

Unique plywood panels: 3,008

Unique steel cladding tiles: 585

Unique plywood spacer blocks: 3,255

Bolts: 192,562

Screws: 30,039

Design: City Form Lab (Andres Sevtsuk, Raul Kalvo)

Client: SUTD Library (Julie Sabaratnam)

Engineering: ARUP(Mike King, Benjamin Sitler, Russel Cole)

Construction: Arina International Hogan (AIH) and SUTD students, staff

Fabrication: Durotec, Subweld, AIH, SUTD Fab Lab.

Sponsors: Arina International Hogan (AIH), ARUP, Autodesk

Area: 200 m² (covered), 300 m² (deck)

Completion: May 2013

Project Blog: http://cityform.mit.edu/projects/sutd-gridshell.html

Correspondence Address:

City Form Lab

Singapore University of Technology and Design

20 Dover Drive

Singapore 138682

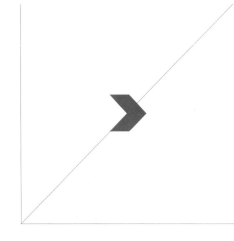

The Singapore University of Technology and Design (SUTD)library pavilion is located on a sloping lawn on the temporary Dover Campus. Accommodating three mature trees and forming a noise barrier toward the Ayer Raja Expressway in the north, the gridshell structure of the pavilionharnesses the site constraints and activates an outdoor space behind the existing library building. During the day it offers a shaded open-air place to relax, work, and mingle for students and staff of the university. At night it becomes a place for informal gatherings, evening lectures and SUTD community events. Work-desks, mobile bookshelves and wireless Internet transform it into a "third space" between the dormitory and the classroom where intellectual and social exchange occurs in a casual atmosphere.

Building upon a long tradition of catenary structures that use little material to achieve considerable spans, the canopy forms a lightweight timber shell with no columns, beams, or vertical walls. A numeric hanging-chain model was used to determine an efficientdouble-curvature shape that follows the lines of thrust in compression.Using computational design and computer controlled fabrication allowed the pavilion's complex three-dimensional form to be achieved with readily available materials and a streamlinedassemblyprocessat minimal cost. Unlike steel gridshells, it has no complex three-dimensional structural joints – all of its elements were prefabricated from strictly flat plywood and galvanized steel sheetson CNC machines in Singapore. The site work thus comprised an orderly assembly of 3,000 unique plywood and 600 unique sheet-metal tiles based on only one drawing – the numeric map of a three-dimensional puzzle indicating which pieces fit next to which other pieces.ID numbers were engraved in the cutting process on each plywood and cladding element, which remain visible in the finished structure as ornament. First year SUTD students assisted with the pre-assembly of the pieces and the contractor erected the structure on site. The pavilion is designed to be dismantled and recycled after two years.

垂直生活馆
Vertical Living Gallery

建筑及景观设计者： Shma Company Limited
客户 & 开发商： Sansiri
结构工程师： ACTEC Company Limited
机械及电气： V Group Engineering
设计团队： Somdoon Architect
摄影： Wison Tungthanya
项目地址： Shma: 93/2 Ekamai Soi 3, Sukhumvit 63 Klongton Nuer Vadhana 泰国曼谷
用途： 公寓销售办公室
项目面积： 440 m²
结构系统： 梁柱式
设计周期： 2009~2010
建造周期： 2009~2011
网址： www.shmadesigns.com

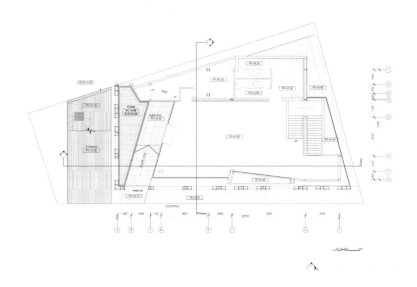

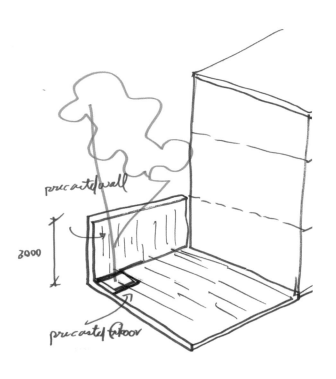

设计过程 ❯

该项目由城市住宅开发商 Sansiri 担当设计。该销售办公室扮演的角色是展现新的生活方式的崭新形象。按照最初的设计方案，建筑立面为玻璃材质，看上去非常古板、厚重，又没有"家"的感觉。加上曼谷城市中到处充斥着混凝土结构的建筑，景观设计师 Shma 提议打造富有生机与活力的绿色立面，使建筑更显别致，且能吸引公众的注意力。

除了美感的体现之外，这样的立面还能减少室内积聚的热能和强光照射，同时又能确保室内空间拥有充足的自然光照射。绿色墙体模块为预制铝合金复合箱体结构，可以很方便地与钢结构连成一体。毡式结构中安装了种植袋和滴灌系统。这种系统造价低廉，安装便捷。这样的设置也方便维护、更换植物，修剪、整理那些死去的植物或者残叶。

因为在东南亚，绿色墙体还没有被认可，因此找到合适的植物就是一项很大的挑战。最终设计团队选定了一种原产自东京的植物，是因为其能耐受曼谷的高湿环境和城市污染。除此之外，这种植物还能展现连续的空间质地。项目团队花费了至少两周时间来使这些植被达到最佳状态。

该项目不愧为曼谷的一道独特的景观。时间证明，这些植物可以经受住严酷的自然条件，同时也打造出更为健康的城市生活环境。

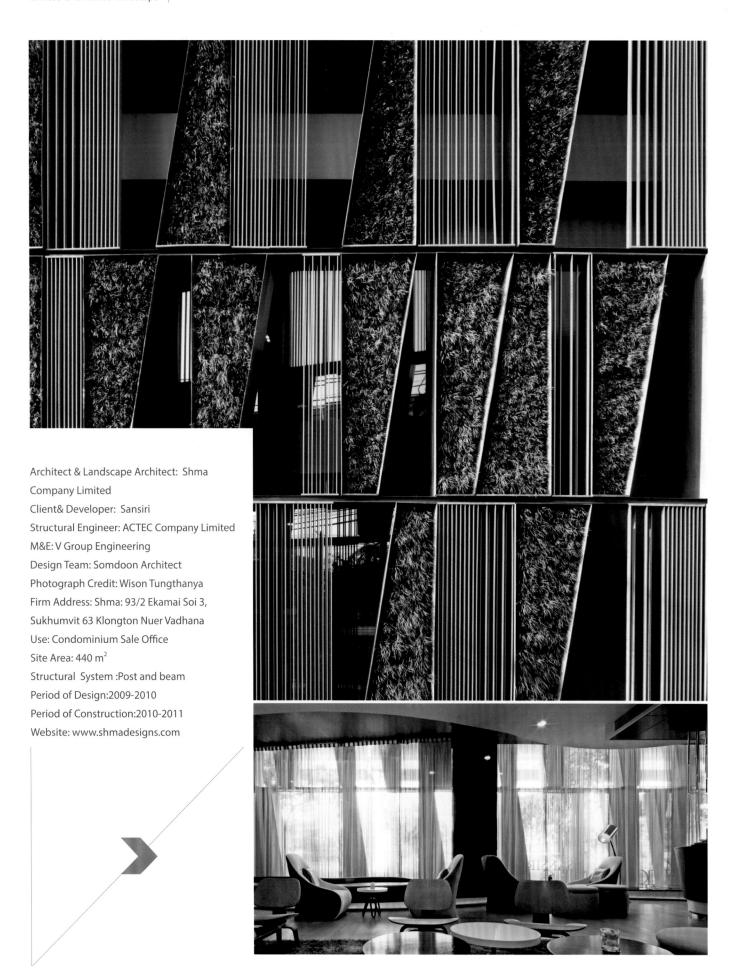

Architect & Landscape Architect: Shma
Company Limited
Client& Developer: Sansiri
Structural Engineer: ACTEC Company Limited
M&E: V Group Engineering
Design Team: Somdoon Architect
Photograph Credit: Wison Tungthanya
Firm Address: Shma: 93/2 Ekamai Soi 3,
Sukhumvit 63 Klongton Nuer Vadhana
Use: Condominium Sale Office
Site Area: 440 m^2
Structural System :Post and beam
Period of Design:2009-2010
Period of Construction:2010-2011
Website: www.shmadesigns.com

Design Process

This project was commissioned by Sansiri, an urban residential developer. Providing the image of new life style is the role of the sale office. The building was first designed with glass skin exposed to the surrounding, appearing solid, conventional and missing sense of 'home'. Seeing also that Bangkok urban is suffocating with concrete surface, Shma the landscape architect, proposed this green living façade so to give building uniqueness and to draw public attention.

Beyond its aesthetic, the envelope helped to reduce heat and glare for the occupant, while allowing sufficient natural light to shine into the interior. The module green wall crate is ready made aluminum composite box for easy attaching with steel structure. Planting pouch and drip irrigation are installed within the felt. This system is inexpensive and convenient to construct. It also made possible to access for maintenance-replacing plant, pruning and trimming some dead plants or leaves.

Finding a suitable plant was a challenge because green wall is not yet recognized in South East Asia. After a few experiment for local plant species, Tokyo Dwarf was selected as it can endure Bangkok's extreme humidity and pollution. Moreover it provides a consistent texture. It takes at least 2 weeks to prepare the plant for its new condition.

Introducing this new texture was very much a phenomenon for Bangkok. It has proved to function in harsh environment and also established a healthier urban living.

芭堤雅**希尔顿屋顶花园**
The Garden of Hilton Pattaya

设计事务所名称： T.R.O.P: terrains + open space
首席设计师： Pok Kobkongsanti
客户 / 业主： Central Pattana
摄影： Wison Thungthunya, Adam Brozzone,
Charkhrit Chartarsa
项目设计师： Bun Asai
Pakawat Varaphakdi
项目团队：
Wasin Muneepeerakul
Pattarapol Jormkhanngen
Teerayut Pruekpanasan
Chatchawan Banjongsiri
项目地址： 泰国春武里

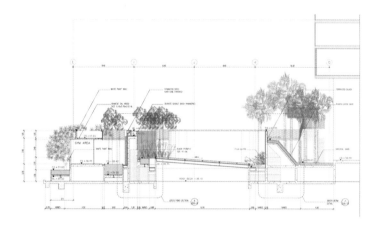

+++

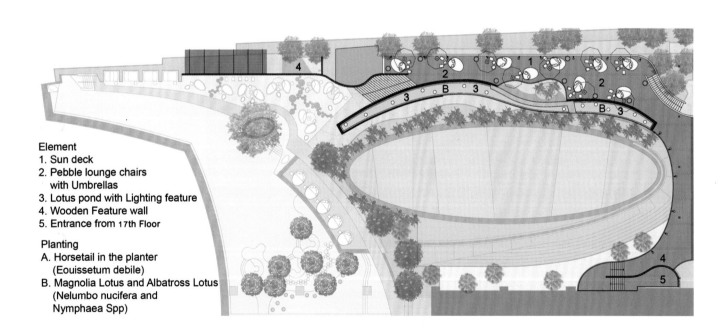

Element
1. Sun deck
2. Pebble lounge chairs
   with Umbrellas
3. Lotus pond with Lighting feature
4. Wooden Feature wall
5. Entrance from 17th Floor

Planting
A. Horsetail in the planter
   (Eouissetum debile)
B. Magnolia Lotus and Albatross Lotus
   (Nelumbo nucifera and
   Nymphaea Spp)

元素
1. 阳光甲板
2. 有遮阳伞的休闲座椅
3. 设置了照明设施的荷花池
4. 木质特色墙体
5. 17 楼的入口

植被
A. 种植槽中的问荆
B. 荷花和睡莲

01

水池和特色墙体。墙体后方设置了机械电气室、厨房、消防出口楼梯和户外淋浴区。开口处设置了池畔酒吧，以芭堤雅繁华的街景为大背景。

View of the pool and the featured wall. Behind the wall, M&E room, kitchen, fire exit staircase and outdoor shower are hidden. The opening is the pool bar, which has Pattaya Downtown in the background.

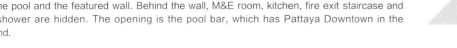

项目概况 >

设计师在一处购物中心的楼顶打造了这处城市中的世外桃源，它可以帮助人们逃离下面那拥挤、嘈杂的海滩。为了解决该地块的诸多问题，设计团队采取了诸多设计策略以为新的酒店打造一处宁静的环境。

项目陈述 >

在优美的环境中（比如在远离市井喧嚣的海滩或是秀美的大山之间）打造出色的设计作品向来是一大乐事。然而，作为一家刚起步的事务所，我们却没有这样的雄心壮志。相反，我们所面对的是切切实实的地块问题——购物中心的屋顶。

芭堤雅距离曼谷有两个小时车程。长久以来，这个地方就以长长的优美海滩和一望

无垠的大海风光闻名于世。然而，在缺乏地区规则的管控下，海滩上遍地是夜店和酒吧。为了避开海滩的喧嚣，拥有200间客房的芭堤雅希尔顿酒店建在了新建的购物中心上方。我们最初的计划是打造一处城市中的世外桃源，让人们远离沙滩的喧嚣。将景观与芭堤雅优美的大海风光重新联系起来。由于地块面积有限，设计团队不得不重新组织花园的空间架构。

现有状况 >

该项目包含芭堤雅希尔顿酒店的客人下车区（建筑基层）和酒店花园（16层）。当我们第一次拜访这个地方时，我们注意到了三个影响设计的关键因素。

1. 屋顶中央的巨型天窗

该天窗的设置是为了将阳光引入商场

中。基于结构方面的原因，其不能承担多余的重量，因此很不幸的是，我们不能将其打造成为花园的一部分。更糟糕的是，购物中心并没有多余的预算来装扮这处天窗，所以其按照一半玻璃、一半混凝土的构造来打造。

2. 其他区域

由于屋顶中央的天窗的存在，设计师只能在其周边的狭小区域来设计打造花园。在这有限的区域内，还要设置健身房、洗手间、消防出口楼梯、机械与电气室等。其结果就是，由于空间太小，以至于酒店的200间客房难以满足所有客人的需求。

3. 屋顶的不规则边缘

商场拥有很有趣味的内、外立面设计。对于本项目而言，建筑内、外立面的边缘对我们的设计也有重要的影响。

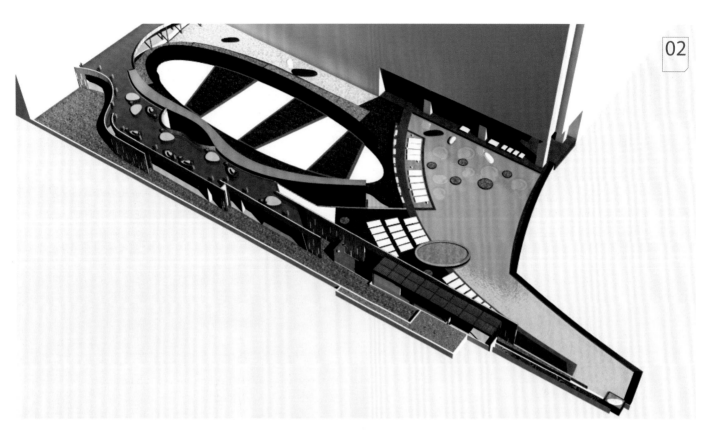

Office Name: T.R.O.P: terrains + open space

Lead Designer: Pok Kobkongsanti

Client/Owner (if applicable): Central Pattana

Photography credit: Wison Thungthunya, Adam Brozzone, Charkhrit Chartarsa

Project Designer :

Bun Asai

Pakawat Varaphakdi

Project Team :

Wasin Muneepeerakul

Pattarapol Jormkhanngen

Teerayut Pruekpanasan

Chatchawan Banjongsiri

Project Location (City & State): Chonburi, Thailand

花园总体设计。水池位于建筑边缘，而阳光甲板被设置在健身房和洗手间的屋顶上方。

Overall design of the garden. The pool is right at the edge of the building, while the sun deck is built on top of a gym and toilets.

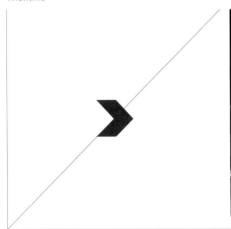

Project Statement:

On top of a shopping mall roof, an urban sanctuary is created, hidden from chaotic Red-Light Beach below. In attempts to solve all problems of the site, a series of design gestures were planned to build a serene environment for a new hotel.

Project Narrative:

It is always a pleasure to see great design projects built on great surroundings, for examples, on hideaway beaches or extraordinary mountains. However, as a young studio, we do not have that kind of luxury. Instead, what we had was a real problematic site, a shopping mall roof.

Pattaya is a two-hour drive from Bangkok. Historically, it was famous for beautiful long beach and unobstructed sea view. However, lacking local regulations, the beach is now crowded with nightclubs and bars. In order to avoid the noisy beach, Hilton Pattaya, a 200 rooms hotel, is built on the roof of a new shopping centre. Our original task was to create an urban sanctuary hidden from chaotic beach below. The goal is to re-connect the landscape with Pattaya's beautiful sea view. Because of the limited area, we had to re-organize the overall spatial structure of the garden.

Existing Conditions

Our Scope of Hilton Pattaya includes the Hotel Drop off Area (Ground Floor) and The Hotel Garden (16th Floor). When we first visit the site, we noticed three important elements that would affect our design greatly:

1、A gigantic Skylight in the middle of the roof
This Skylight is to bring Sunlight down to the mall. Structure-wise, it can't support any loading, so, unfortunately, we could not use it as part of the Garden. To make it worse, the shopping mall did not have budget to decorate this Skylight at all, so it is built as half glass and half concrete.

2、The leftover areas
With the Skylight, located right in the middle of the Roof, we ended up having only small and narrow areas around it to design our Garden. Within that already-limited area, a gym, toilets, fire-exit staircase and M&E rooms are required to be placed somewhere as well. As a result, we ended up having too little area to serve 200 rooms hotel's guests.

3、The irregular edge of the Roof
The Mall has an interesting in and out façade. On the plan, those in and out building edge have a great impact on our design.

按摩浴池的设计是为了纪念当地的红树林。水域中一共设置了 3 个定制的按摩浴缸。圆形的通道设计是为了方便侍者过来提供茶水。

Jacuzzi Pool is designed as memento of the local mangrove. 3 custom-made Jacuzzis are located within this water maze. The circular pathway is for waiters to come and serve drinks.

04

通向健身房和洗手间的通道。栽种的植被用来遮蔽天窗。石墙内部为购物中心的排烟系统。按照工程师要求，排烟系统的圆形设计与项目的开口区设计相搭配。

Pathway to gym and toilets. Planting is to screen the Skylight, and inside this stonewall is the shopping mall's smoke exhaust. The circular pattern of the smoke exhaust is specially designed to match the opening area required by engineers.

05

设计师在排烟墙的顶部设置了一处荷花池。栽种着两种荷花，一种在清晨开放，另外一种在夜间开放。

On the top of smoke exhaust wall, we place lotus pond there. We selected 2 types of lotus. One has flower in the morning and the other one does at night.

阳光甲板由健身房和洗手间的屋顶延伸而来，人们站在这里能拥有不错的视野。
View of the Sun Deck, which is an extended roof of a gym and toilets.

06

曼谷77号大厦屋顶花园：
绿意弥漫的公寓
Bangkok Blocs 77 Roof Garden: Green Camouflage

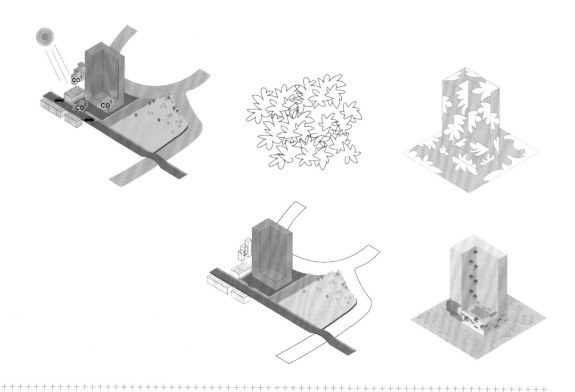

+++

景观设计公司： Shma Company Limited
设计总监： Yossapon Boonsom
参与设计： Kantaya Kiatfuengfoo
客户＆开发商： Sansiri PCL.
位置： 泰国曼谷
用途： 公寓花园
项目面积： 5 244 m²
建筑规模： 28 层建筑
摄影： Mr. Wison Tungthanya
网址： www. shmadesigns.com

77 号大厦为一处平价公寓项目，位于曼谷的一处繁华的市区，紧邻一条轻轨线路。该项目占地面积为 5 244 m²，共有 467 套住宅单元。客户的主要要求是在建筑基层打造出娱乐休闲区，并在建筑 5 层设置一处游泳池。

该项目周边商铺林立，有一处大型的购物中心，还有一条宁静的运河从地块边穿过。地块正前方有一条川流不息的繁忙街道，地块后方有一条运河无声无息地流过，运河另外一侧为一处古老的住宅街区。轻轨线路带动了沿线房地产业的飞速发展，低矮的住宅和商铺都转变成了高层公寓楼。按照要求，设计师要在建筑周边设置 6 m 宽的消防车通行线路，并在建筑基层设置停车位。所有这些都必须在硬路面上进行。为了满足这些要求，新建的公寓楼将这个地块空间充分利用起来，但这也增加了热能积聚，并使得建筑和硬路面上折射出了更多耀眼光线。

该项目所面临的其他挑战包括雨季爆发的洪水、较高的地下水水位以及存放设施楼层的有限空间。为了解决这些问题，设计团队为该项目设置了尽可能多的绿植，以减少硬路面积汇聚热能和强烈光线带来的一些负面影响。植物种植区被设置在高于地面的位置，以避免植物根部与地下水直接接触，同时确保地下有足够的空间来吸纳、控制洪水。

"树冠"的设计理念隐喻的是大自然，在水平方向和垂直方向上用绿色将整座建筑包裹起来。地面的花园由静谧的水景和波浪式的绿植种植区组成，两种元素在户外平地上实现了无缝衔接，从地块前方一直延伸到后方。居民也与周边的绿色空间实现了亲密接触。我们还与建筑设计师密切合作，设计了悬式树木种植槽和空中花园，镶嵌在建筑从下到上的整个立面上。

Landscape Architect : Shma Company
Limited
Design Director: Yossapon Boonsom
Associate: Kantaya Kiatfuengfoo
Client& Developer: Sansiri PCL.
Location: Bangkok, Thailand
Use: Condominium Garden
Site Area: 5,244 m^2
Building Scale: 28 Storey Building
Photograph Credit: Mr. Wison Tungthanya
Website : www. shmadesigns.com

Blocs 77 is the affordable condominium project located closely to the sky-train at one of the busiest urban area in Bangkok. The project plot is 5,244 m², and comprises of 467 residential units. The main requirement of the client is to create a recreational space at ground floor and swimming pool at 5th floor.

The project is surrounded by many shop houses, shopping mall, and serene canal. In the front of the site, the project is facing a busy street with the traffic congestion all day; while at the back of the site, it is facing a peaceful canal and an old residential compound located on the opposite side of the canal. The rising trend of real-estate development along the sky-train route has transformed the existing low-rise houses and shop houses to the high-rise condominiums. There is the regulation of providing 6 meters fire engine route around the building and the requirement of on ground parking lots. All of which must be in a hard surface. In order to comply with the regulation and requirement, the mass of new condominium not only dominates its overall tight site and neighbors but also increases heat and glare reflecting from the building and hard surfaces around the building to the surrounding context.

Other constraints that this project is facing are the flooding during the rainy season, the high groundwater level within the site, and the limited space on the facility floor. To deal with these constraints, our design approach is focused on making this project green as much as possible in order to minimize the impact of the heat and glare from the hard surfaces, raising the planting area above the existing grade level to avoid the root ball to contact with the groundwater directly, and providing sunken space to control the flooding.

The concept of "tree canopy" is used as a metaphor of nature which helps camouflage the development with green spaces horizontally and vertically. The garden on the ground floor is composed of tranquil water feature cube and undulating patch of green boxes seamlessly wrapping around the outdoor lobby which stretches from front to back. This creates an intact relationship of the resident to the surrounding green space. We also worked closely with the architect to introduce overhanging tree planter and sky garden plugging onto building's elevation from bottom to the top.

Life@Ladprao 18
公寓屋顶花园
Life@Ladprao 18
Condominium Garden

建筑及景观设计公司： Shma Company Limited
客户 & 开发商： Asian Property Public Company
Limited （亚洲房地产开发有限公司）
项目团队： 经理——Prapan Napawongdee
景观设计师——Chanon Wangkachonkiat
结构工程师： Stonehengeinter. Co., Ltd.
机械及电气： Pass Engineering Consultant Co., Ltd.
位置： 泰国曼谷
用途： 公寓花园
项目面积： 3 200 m²
设计周期： 2009-2010
建造周期： 2009-2011
奖项： 新加坡 2012 景观项目 WAF 候选项目
摄影： Mr. Wison Tungthanya

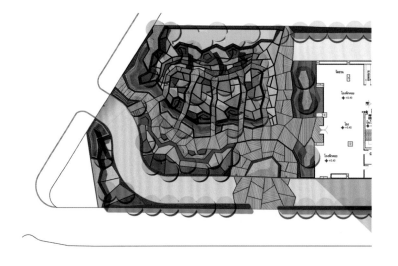

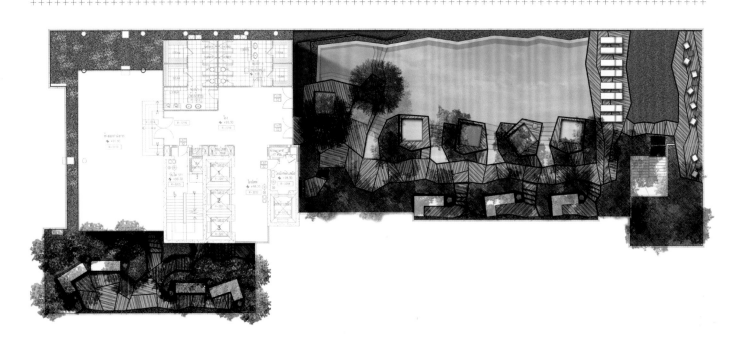

前庭花园

该项目坐落在繁华的拉萨罗大街上，这是泰国曼谷比较典型的拥挤街道。前庭花园靠近街道，可作为街道和住宅楼之间的缓冲空间。设计团队意欲打造出一处森林般的住所，可以减轻噪声和污染，同时营造出一处宜人、惬意的过渡空间，供人们散步、休憩之用。

混杂的森林树种形成一个巨大的华盖，下层的植被种类繁多，经过重新编排布局，狂野的森林风被转变成为植物园风。不同种类的植物在色泽、形态、质地方面各不相同，营造出繁复而又宁静的美感，同时也进一步丰富了这里的生态环境。

和缓的小路在苍郁的植被间蜿蜒穿行，引领着人们去探求、发现各种美妙的境界。与人们视线齐平的土丘中设置了私密的座椅，这些土丘切断了人们与周边商铺、小路之间的视线联系，进一步提升了整座花园的宁静之感。

Sky Deck 空中露台

住宅楼的顶部为一处空中露台，拥有观赏曼谷城市风景的 180° 观景视野，拥有为个人、夫妻及朋友们配备的全套设施。一直延伸至建筑结构边沿的水池从森林的大背景中展现出了卓越身姿，赋予人们难得的私家休闲体验。另外一侧的休息区就像是一处户外的起居室，供三五好友休闲娱乐之用。该设计不仅打造出了一处富有美感、令人身心愉悦的花园，也打造出了城市生活中真正的世外桃源。

Architect & Landscape Architect : Shma Company Limited.

Client& Developer: Asian Property Public Company Limited.

Project Team : Director - Prapan Napawongdee

Landscape Architect - Chanon Wangkachonkiat

Structural Engineer: Stonehengeinter. Co., Ltd.

M&E: Pass Engineering Consultant Co., Ltd.

Location: Bangkok, Thailand

Use: Condominium Garden

Site Area: 3,200 m^2

Period of Design: 2009-2010

Period of Construction: 2009-2011

Award: Shortlisted in WAF 2012, Singapore. Landscape Project.

Photograph Credit: Mr. Wison Tungthanya

Front Garden

The project is situated on the busy Ladprao Road - a typical congested road in Bangkok. The front garden being adjacent to the road acts as a buffer space before reaching the residential tower. We envision a forest-like setting to offset noise and pollution and yet pleasing for functional use such as strolling and lounging for this transitional space.

Strong quilt-like graphic is employed to reorganise fragments of diverse shade tolerant understorey plants below canopy of mixed forest trees transforming wild forest pattern into botanic pattern. Diversities of plants are contrasting in colour, form and texture bringing about a complex yet serene beauty while at the same time enriching the ecology at large.

Network of gentle sloping path weaves through these interplaying green envelop which protruded as raised tectonic plate conveys a sense of exploration and discovery. Eye level height mounds in which private niches and seats are nestled enfold this space to cutoff visual connection to the adjacent shophouse and internal road enhancing its tranquility.

Sky Deck

The residential tower is topped with the sky deck offering 180 degree view of Bangkok horizon featuring full facilities for individual, couple and friends. Trio Diagonal Cabanas by the infinity edge Lap Pool emerges from a forest background providing a rare private lounging experience while sunken Sunset Lounge on the opposite side provides an outdoor living room setting for a small group of fiends. The design aims to delivers not only an aesthetically pleasing garden but a true sanctuary for urban dwelling.

http://www.sh-oupai.com

上海欧派城市雕塑艺术有限公司
SHANGHAI OUPAI CITY&SCULPTURE CO.,LTD

地址：上海市青浦区新城经济开发区一区 18 号
邮编：201703
电话：021-59751500　59753636
e-mail：ou-pai@163.com

S企业服务
ervices

工程建设
Engineering Construction

规划设计
Planning And Design

苗木种植
Nursery Planting

汇者，汇贤聚才以图治；绿者，巧用匠心营绿境。

正是秉着"汇贤图治、绿境文心"的企业宗旨，经过10余年的磨砺，公司已发展成为一家集园林景观规划设计、园林工程建设、绿化养护及苗木产销等为一体的完整生态建设发展的城市景观生态系统运营商。未来，公司将继续以促进生态文明建设，创建和谐美丽城市环境，发展风景园林事业为己任，以科学的管理、优秀的团队、务实的作风、创新的意识、良好的声誉，竭力营造优美的作品、提供专业的服务，回馈股东，服务社会，为"美丽中国"建设作出贡献。

城市园林绿化壹级 | 市政公用工程总承包壹级 | 风景园林设计甲级 | 城市及道路照明工程专业承包壹级 | 园林古建筑工程专业承包壹级
ADD：浙江省宁波市北仑区长江路1078号好时光大厦1幢15.17.18楼 | TEL：0574—55222515 | FAX：0574—55222999 | E-MAIL：HR@CNHLYL.COM

landscape architecture

万科 VANKE

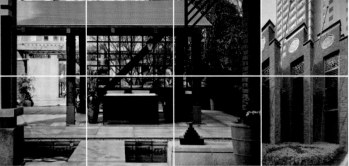

保利 BAOLI

大华 DAHUA

landscape architecture

清能 QINGNENG

landscape architecture

中冶 ZHONGYE

广电 GUANGDIAN

中建三局 ZHONGJIANSANJU

landscape architecture

ZHONGCHUANG HUANYA

ARCHITECTURE LANDSCAPE ENGINEERING
DESIGN CO.,LTD

ZHONGCHUANGHUANYA

中創環亞

建築景觀
設計工程有限公司
ARCHITECTURE LANDSCAPE
ENGINEERING DESIGN CO.,LTD

SINCE 2003

地址：武汉市江岸区解放大道1208号新长
江国际A座505室

联系电话(传真)：027 - 82635263

E-mall：zhong-chuang@163 . com

网址：www.whzchye.com

景观 · 规划 · 建筑 ·

香港道润国际设计有限公司
HTTP://WWW.DORUN-CN.COM

建筑与景观同是城市发展的 鉴证

谭子荣

道润国际（上海）设计有限公司总经理兼设计总监
美国 DCXE 建筑环境规划设计有限公司亚洲首席设计师
同济大学风景园林硕士
美国景观师协会（ASLA）会员
《中外景观》杂志常务理事

Tan Zirong>> Both the Architecture and Landscape are the City's Attestations

++

COL: 您对您的哪个项目相对比较满意，有什么特点？它对周围的建筑有什么影响？

谭子荣：我对在国际招标中获胜的泉州台商开发区百崎湖公园的设计项目相对比较满意，感触较深。在设计中，对项目特点、特征的研究和创新概念的提出都令我们激动。我们团队针对台商开发区新城理念，结合泉州海港文化，提出"海与浪"对"根"的追溯，展开创作设计。

项目周围建筑主要是作为台商开发区新城核心地标建筑群，包括商业、文化等的建筑单体，而百崎湖公园对整个新城建设都起着不可估量的价值，对新城建设起着门户景观的作用，同时在功能上，对新城环境起着精神文化诉求的作用，对新城整体的生态文明建设起着典范的作用。

COL: 您认为建筑和景观该如何更好地融合？在设计、施工时需注意哪些？

谭子荣：针对建筑和景观的融合关系，这个问题太大，也太宽泛。因为建筑本身就具有景观性，只是不同尺度的项目，两者之间的关系不同。广义上，景观包含建筑；狭义上，景观为城市和建筑的功能空间提供有机补充。整体来看，建筑与景观是统一不可分割的。两者应该是以统一和谐为关键的融合关系。如公园里的景观和建筑，要反复强调建筑与环境的和谐，增强建筑的景观性、功能延展性和景观的穿透性。

设计中，充分考虑建筑造型和建筑装饰，找到与景观对话的语言。施工中，主要做好对设计师设计意图的充分理解。景观的开拓空间对建筑空间功能的理解，环境需求中注重细节的塑造等，同时注重景观新材料、新工艺、新技术的运用，达到与建筑科技与时俱进的效果。

COL: 您认为景观在一个完整的项目中有哪些作用？

谭子荣：当今社会，人们对精神文化的需求越来越多，而景观对人类的精神文化起着重要作用，例如：城市公园对城市发展起着不可缺少的作用，住宅社区景观对人居环境生活品质、人类健康、生态文明建设起着不可估量的价值。在整体设计项目中，就景观和建筑而言，景观起着软化和调节空间环境起居的作用，是四季变化的活力。

COL: 在什么样的项目中，建筑依附于景观？它们是如何搭配的？

谭子荣：城市公园、旅游风景区规划等对环境需求大的项目中，建筑依附于景观环境比较明显。这些项目中，建筑的主要作用是配套服务，是完全从属的关系，建筑的立面、造型、功能等都服从景观需求，以达到和谐统一的目的，同时建筑密度也要严格控制，以环境优先为原则，做到生态保护、环境美化、功能合理等有机搭配。在居住社区、度假区等项目中，建筑作为核心部分，景观作为辅助关系，但有着不可估量的作用。

搭配上，主要考虑使用人群对环境功能的诉求，做到建筑功能与环境景观的零对接，起到有机补充和功能完善

的作用，在合理的建筑密度下，严格控制绿化率，实现最大生态效益的建设，时刻保持尺度的舒适感。

COL: 有种说法是"景观是在美丽地变老"，甚至可以说不会老，建筑则往往越来越旧，所以是不是说明景观对建筑的表现具有绝对增加活力的作用？

谭子荣：景观变老、建筑变老等说法都不是绝对的，只不过是不同时期、不同社会背景下的需求产物。比如古代园林景观和古代建筑，不能说它时间久了，就缺少活力。好建筑是凝固的音乐，景观是建筑的同伴，时间的鉴证者，二者是相辅相成、缺一不可的。建筑本身属于景观范畴。而且广义上，地球也是宇宙的景观体，共同承载了生命的活力。

泉州百崎湖生态公园
Quanzhou Baiqihu Ecological Park

项目信息 ▶
项目地址： 福建泉州台商投资区
设计单位： 道润国际设计有限公司
景观规划面积： 73.56 hm²

Quanzhou Baiqihu
Ecological Park

正立面
The facade

项目背景

泉州又称鲤城、刺桐城、温陵，是我国著名的侨乡和台胞祖籍地。地处祖国东南沿海，与台湾隔海相望，是古代"海上丝绸之路"的起点，海峡西岸经济区的核心城市之一。

泉州台商投资区，为国家级台商投资区，位于惠安县南部，是泉州城市的副中心，是先进制造业和高端服务业支撑的生态型滨水城市新区和现代化的港口加工区。

基地现状内以基塘、农田为主，河流穿插其中。基地目前可分为水、田两种用地风貌区域。水——区域西北角是百崎湖，西部和北部有大量的基塘，百崎湖湖面开阔，水质较好，风景优美。田——规划区中部以耕地芦苇荡湿地为主，尚未经过开发利用。

Quanzhou Baiqihu
Ecological Park

设计理念

项目在满足滞洪功能的前提下，增设湖上水岛，形成自然景观水湾，丰富湖面岸线形态，与建筑前后呼应。在开合的大尺度中打造"圆汇贯通，明月生辉"的"海上升明月"景观愿景。另外，通过拓宽市民广场北侧的湖面南北距离，形成更开阔的湖面；增设了岛屿景桥，打造半围合的休闲娱乐湖面，实现贯通东经二路桥底游览路线，环通两大湖区交通流线，避免游人穿越市政道路。

依据东西城市主干线和南侧建筑用地，将景观湖划分为 3 个层次的景观区，由西向东依次为：形象展示区，休闲游憩区和生态湿地区。现状土地相对平坦，依据土方平衡的原则，在湖面开发中就地营造地形变化，在水岸设置 5 处主景水湾，作为娱乐、商业等开发，五湾由西向东依次为：自然风情的月蓝湾、滨水休闲的观澜湾、水岸体验的追风湾、游船娱乐的渔人湾、生态湿地的流霞湾。湖岸线上依次设置"八景"作为景观的深层演绎：月之岛、灯之港、帆之滨、舵之向、思之源、风之子、浪之花、思之林。项目通过竖向设计将园区内的大部分雨水引导至湖内，其余部分雨水可引导至外围道路方向，汇入城市排水系统。

未来的百崎湖，带着城市的记忆与文明将开启泉州全新的发展篇章！将成为泉州的记忆之源与活力之源。

建筑和景观的真正融合
国学造园的传承与复兴

夏岩

夏岩园林文化艺术集团创始人兼总设计师　　南京师范大学中北学院夏岩艺术研究院院长
清华大学新经济研究中心研究员　　　　　　南京师范大学美院研究生导师
清大文产（广东）规划设计院常务副院长　　被清华大学美术协会和中国国际设计艺术博览会连续多年评为"年度资深设计师"

Xia Yan　The True Combination of
Architecture and Landscape is the
Traditional Gardening's Heritage
and Renaissance

COL: 您的作品中，哪个项目是您比较满意的，有什么特点？它对周围建筑的价值有什么作用？

夏岩：夏岩集团成立15余年来，专注于"生态+文化"景观领域，已在全国各地累计打造生态文化园100余所、生态文化洗浴10余所、主题公园及风景区20组、生态文化餐厅和酒店160家。要说哪个项目我比较满意，其实每个项目都是夏岩人集体智慧的结晶。从分析、定位、设计到施工，每个项目我们都会认真负责、精细把控，不做则已，做就做最好。比如样板项目常州花都水城和淹城诸子百家园，我们希望借助温泉和主题公园为载体，从室内外造景、交互式体验项目，到服务各个细节，都能够再现中华几千年文明的精髓，师古而不泥古。所以你会看到我们不是全套照搬古代园林的制式，也不仅仅是偷用几个古典元素的堆砌，而是适当地去其形、取其神，简化古时的繁文缛节，保留其典雅、内敛、圆融的精神风貌。这也正是对周围建筑价值的体现。在新中式或者新东方主义园林景观的设计建造上，我们坚定不移地探索"国学造园"的方向，复兴华夏造园，为中国人创造东方意境的休闲体验。

COL: 您认为建筑和景观该如何更好地融合？在设计、施工时需注意哪些？

夏岩：建筑和景观其实是不分家的。随着社会的进步发展与人们生活水平的提高，人们对建筑的要求已经不仅仅只满足于居住与实用的要求。建筑作为景观中必不可少的组成部分，不应脱离环境而独立存在，而建筑之于景观的具体手段就是建筑环境的场所化，亦即建筑空间与景观和谐共生、相得益彰。

现在中国很多景观设计施工的企业只擅长于景观设计的领域，但是缺乏古建方面的知识。比如园子里面的亭台楼阁，既是古建的概念，也是园林的概念，因此，建筑和景观的融合十分重要。我所说的融合是真正意义上的融合，做到国学造园的传承与复兴。

其实文化是从生态环境中体现出来的。只有生态没有文化，景观就缺失了灵魂，所以要沿着历史文化做。现在实践证明，包括休闲产业的旅游综合体的灵魂就是文化，没有文化的支撑，寿命就会短。现在常说的"温泉文化"实际只是肤浅地考虑了温泉本身的功能属性，比如泡温泉是指要考虑养生、保健、休闲放松等作用，其实更应该把硬件、软件、条件融为一体，要在整个文化氛围上来体现温泉文化。

COL: 您认为景观在一个完整的项目中有哪些作用？

夏岩：合理的园林景观能够美化环境，也能够陶冶情操。当然优美的园林景观还具有保护环境的作用，为人们提供娱乐场所，使人们在优美的园林景观中得到放松。除此之外，城市居民还能在园林景观中欣赏到绿色风景。在当今的城市建设中，钢筋水泥等工业产品充斥在人们生活的每一个角落，再加上现代人的工作压力越来越大，劳动越来越复杂，这时如果能够经常欣赏到令人赏心悦目的景观设计，无疑对受众群体来说是找到了一个惬意的休闲环境，也为项目的推广和项目整体运作提供了更宽广的平台。

随着时代的发展和进步，人们的生活富裕了，对居住和出行的舒适性和合理性有了更高的要求。现在，人们无论是在选择购置房产，还是选择景观旅游，价格因素都不再是百姓考虑的唯一因素，小区的环境因素常常会对购买者起到举足轻重的作用。由此可见景观的建设成败直接关系到房地产的受欢迎程度。优秀的景观设计方案要求有耳目一新的设计理念和十分合理的布局以及满足住户需求等的特点，只有这样才能建造最优质的项目。优秀的园林景观可以成为一个项目的标志，甚至可以成为一个品牌的形象，在项目的整体运作中有着举足轻重的地位。

COL: 在什么样的项目中，建筑依附于景观？它们是如何搭配的？

夏岩：建筑依附于景观，景观依托于建筑，建筑的最高境界为生活本真状态的深层次回归，达到生活空间、居住空间、精神空间的高度共融。通过达成人与自然沟通的诉求，强调项目空间的理念，在相对独立又融合的社区中营造出建筑与景观的有机结合。

景观与建筑的关系并不能单纯说是一种附属或延伸，更确切地说是相辅相成的关系。建筑依附景观而建，景观为建筑添彩。独特的建筑应该要有相应的环境来衬托，建筑的外部空间环境不仅同建筑形象有关，而且同建筑室外绿化景观相关。最终建筑、景观的关系是一个相互影响、相互依存的动态系统，这个系统在时间流逝的过程中已经形成一个十分复杂的网络，交织在一起。

COL: 有种说法是"景观是在美丽地变老"，甚至可以说是不会变老，建筑则往往越来越陈旧，所以是不是说明景观对建筑的表现具有增加活力的作用？

夏岩：随着经济的快速发展，人们生活水平逐步提高，人们对生活质量的要求也变得越来越高，对居住环境的要求也在逐步提高。在这种情况下，景观在建筑设计中的作用也越来越明显。建筑设计中充分利用景观通过对土地及其上物质和空间的安排，来协调和完善景观的各种功能，使人、建筑、社区、城市以及人类的生活同地球和谐相处，这也是维持城市生态平衡、创建可持续发展模式的必要条件。景观作为建筑设计中必不可少的一个组成部分，在建筑设计中的作用主要体现在三个方面：建筑背景、建筑要素、建筑形体与地形地貌的媒介。

建筑作为纯粹的几何形体，继承古典建筑的精神，植入到自然环境的体系中。建筑作为构图的中心，环境作为建筑的背景，烘托出宏大的气势，在政治建筑群中被广泛使用。以大自然为背景的建筑，将自然作为宏大的背景和欣赏控制的对象，强调建筑的崇高、自然的有序和人工化。欧美的庄园别墅、郊区独立式住宅以及田园城市、花园郊区的居住理念均可认为源于这样的景观理念。建筑周围以较弱围合限定或仅仅通过某种暗示方式形成半开放的自然空间，成为家庭生活的户外延伸，诸如娱乐、体育、游戏等行为的介入使这种景现空间具有了社会化的功能。建筑与地形地貌的融合，使整体景观中人工化的建筑与自然景观要素之间的形象差异完全消失了，从而保证建筑形体对景观的负面影响降到最小，建筑与大地景观浑然一体。掩土建筑在形象上所达成的建筑与大地浑然一体的整合效果渐而得到了建筑师的关注。建筑物的体量融入大地及地形变化中，保持了大地表面的连续，使得建筑形体与大地景观形态间的异质缩减到了最小。在技术层面上，当代计算机辅助设计和制造技术、新的结构、构造技术以及高强度、轻质、柔性建筑材料等飞速发展使得大尺度、自由曲线形式的建筑形态成为可能。

景观为建筑增添了活力，并通过提供人性化的场所与环境，来满足社会生活，激发审美体验，使人与城市和谐相处，共存共荣。

寓教于乐——
长江渔文化主题生态园

The Vivid Fish Culture—The Ecological Garden of Yangtse River Fish Culture

项目信息 ➤
项目地址： 江苏扬中市
项目设计： 夏岩文化艺术造园集团
基地总面积： 133.33 hm²
项目落成时间： 2012 年 12 月

The Vivid Fish Culture—
The Ecological Garden
of Yangtse River Fish
Culture

该项目是全国规模最大的渔文化主题生态园——江苏扬中"中国长江渔文化生态园"，已于2012年12月13日开业运营，是扬中年度市级重点项目中2个农业项目之一，总投资3亿元，占地133.33 hm²，是一个集长江名贵鱼类繁育、养殖、销售、科普展示，以及农业观光体验、旅游休闲、餐饮酒店等于一体的农业旅游综合体。

扬中位于素有黄金水道之称的长江中下游，是拥波依翠的江南名城、水乡重镇，自古就引得无数文人骚客流连忘返。夏岩专业智囊团在充分调研和考察了当地文化、地理、政治、经济等诸多背景后，决定为扬中打造一所中国第一、史无前例的渔文化主题生态园。其规划和设计构思，以"渔"文化为主题线索，从古典诗词、历史典故、神话传说中吸取灵感，分别撷取十大词牌名对各功能分区进行命名，运用与"渔"文化相关的一切元素（水、莲、钓……），充分发掘了"渔"与中国人几千年来缠绵不绝的情愫，酣畅淋漓地挖掘了中国渔文化博大精深的内涵，建成一座旷古绝今的"渔"文化主题公园，堪称中国建造业界的渔文化之最。

整体园区根据功能，借古诗词命名，共分为十二大区：金鱼跃江（河豚文化主题广场）、河海渔家（长江渔文化生态餐厅）、儒衣农桑（渔文化广场）、秋畴归牛（农耕出租体验区）、山花野味（湖畔烧烤景区）、风和日酵（江畔湿地区）、百草回芽（植物大棚采摘园）、鸣鸠乳燕（动物大鹏养殖园）、古意村落（儿童游乐区）、艳粉摇桃（室外果树观赏采摘区）、黍稷既馨（室外蔬菜观赏采摘区）。每个区域的景观设计和布局均分别对应一个神话传说或历史典故，寓教于乐地表现了中国传统渔文化的内涵。园内的7个雕塑尤其让人欣喜，每个雕塑代表有关鱼的不同寓意解读。如入口大门的——"鱼米之乡"，该景观以长江特有的河豚、各色鱼种为视觉焦点，结合山、水等景观元素的运用，体现"临江仙"的概念，一股鱼的"鲜美"气息扑面而来。其他景观如"鳌鱼负山""年年有余""鲲鹏展翅""金鳞飞跃""祥鱼送福""鱼戏莲""鲤鱼跃龙"无不是对"渔"文化的多角度注解。项目同时也力图实现生态餐厅与中国文化的结合，体现"国学造园"的景观设计理念。

与时俱进地创新设计
内外兼顾地综合规划

易大茂

重庆天开锦城园林景观设计有限公司总经理

Yi Damao>> **Innovating Design with the Times, Integrating Plan with All Factors**

COL: 居住景观关系到人们的私人起居环境，所以格外受到大众的深度关注，您对居住景观的理解是什么？

易大茂：随着社会的发展，人们的生活节奏变得越来越快。随之而来的是人们的户外活动越来越少，对亲近自然的要求越来越高。除了城市中的公园、广场、绿地这些户外的主要活动场地外，小区内部景观作为居住环境的一部分，成为了人们日常生活的一个重要组成部分。因此，居住小区景观除了要运用现代科学技术解决功能问题，营造"家"的感觉以外，还需要将环境美融合在一起考虑，把居住小区的环境效益和社会效益放在一起总体规划，这样才能满足人们对居住环境要求不断增长的需求。

COL: 您在做居住景观时主要考虑哪些因素？

易大茂：居住景观可以说是一个综合的系统，涉及到很多方面，如对基地自然状况的研究和利用，对空间关系的处理和发挥，与居住区整体风格的融合和协调。包括道路的布置、水景的组织、路面的铺砌、照明的设计、小品的设计、公共设施的处理等，这些方面既有功能意义，又涉及到视觉和心理感受。但是，万变不离其宗，我在进行景观设计时，主要会考虑设计的美观性、功能性、环保性、文化性、可持续发展和人性化。这些都是在设计时必须注意的问题，只有把这些处理好，才能设计出让人满意的作品。

COL: 在现代居住区的项目中，常看到景观越来越室内化，而建筑越来越讲究自然野趣的风格，景观已经渗透建筑内部，您是怎么看待这种设计风格的？

易大茂：景观与建筑在规划上是统一的有机体，但在设计手法上是相对独立的。景观渗透到建筑和室内空间的目的是：通过打破建筑与景观之间以及室内与室外之间的界限，将景观元素渗透到建筑形体与空间中去，从而创造出一个更加连续和可操作的居住景观系统，带来空间场所体验的相关性和视觉经验的连续性。

COL: 现在城市的土地很紧张，居住景观的风格很难有特色，有很大的雷同，您觉得该如何做些突破呢？

易大茂：现在中国是高速发展的时代，为了追求更高的经济效益，很多业主都用标准化的设计来加快项目建设，这是形成景观雷同的原因之一。我觉得想要避免雷同，首先需要在城市规划上，注入城市景观建设设计理念，从而开创中国特色的城市景观新局面；其次，艺术的创新设计不是复制设计，也不是复古设计，要坚持创新，要符合现代人的审美情趣；另外，注重城市建筑景观的整体性，在景观风貌上要有整体感觉，要尊重美学理论中的和谐美和自然美等概念。

COL: 设计和施工需要做哪些协调会使居住景观的效果更好些？

易大茂：设计是艺术的创新，施工是为表现艺术，两者是有机的统一结合。业主，设计和施工三方需要相互配合。在具体操作方面，至少需要三方组织并参加方案汇报会、施工图汇报会、施工单位组织图纸会审以及材料确认、现场园林小品施工工艺交流、乔木种植现场交流、现场验收整改交流等会议，在施工过程中明确规定三方的责任，及时发现问题，及时沟通，这样才能最终呈现出完美的景观效果。

Yi Damao>> Innovating Design with the Times, Integrating Plan with All Factors

打造让生活慢下来的 居住环境

潘军标

汇绿园林建设股份有限公司副总经理兼设计研究院院长，高级工程师

+++

Pan Junbiao>> Build the Residential Environment and Slow the Life's Pace

COL: 居住景观关系到人们的私人起居环境，所以格外受到大众的普遍关注，您对居住景观的理解是什么？

潘军标：早期人们对居住区的购买需求都是以满足居住为主，所以景观设计在居住区规划设计中往往是建筑设计的附属，常被轻描淡写一笔带过，景观设计就被简单地理解为绿化，是未经深入设计的环境，最后的效果难免不尽人意。

随着生活水平的提高，居住景观环境作为现代人居住环境的重要组成部分，已经越来越受到人们的重视。人们在选择自己理想居住环境的过程中，除了居住建筑本身之外，最关注的就是开发商能否给提供一个良好的居住区环境，这就对景观设计赋予了更多的定义，它不再是简单的绿化设计。这么多年我们在和很多开发商的合作中也感觉到景观设计的要求每年都在发生变化，景观设计往往给居住区增加很多附加价值。在我看来，居住区的环境景观应该是能够给居民提供一个能够抛开精神负担，让疲惫身心得到放松；能够享受健康生活环境；能体验到一种幸福感；"身心共养"的温暖场所，让"家"的定义升级化。

目前，作为景观设计师，我们也在努力做到这一点，让我们的小区景观更趋于"度假式社区"，为购买者提供一种度假式的栖居空间。把在度假中能享受到的自然情怀移植到我们的社区中来。

COL: 您做居住景观时主要考虑哪些因素？

潘军标：近几年，通过我们做的一些楼盘的实践和总结，认为植物永远是景观经久不衰的经典元素。随着时间的推移，植物景观会不断成长，变得更加自然丰富。在岁月的痕迹中，静态的植物生生不息、花开花落，带给人长久而丰富的记忆，植物景观给居住区营造了健康而有趣的生活氛围，也为"度假式社区"塑造了一种生活方式。

除植物作为我们造园的主元素外，我们也将自然生态、地域特色、销售策划、购买人群的生活方式和需求等因素融为一体，尽可能让景观环境能够为居住者提供一个以健康自然为准则，提高人们的居住生活质量，消除都市的喧嚣，松弛神经安抚情绪，从而有利于居住者的身心健康，整体上提高城市环境的景观质量。

COL: 在现代居住区的项目中，常看到景观越来越室内化，而建筑越来越讲究自然野趣的风格，景观已经渗透建筑内部，您是怎么看待这种设计风格的？

潘军标："室内室外化，室外室内化"，这将是以后景观设计和室内设计的一个大趋势，这主要源于两大原因：其一、人们对生活品质的追求越来越高，他们希望自己居住的社区景观是精致的、有细节的，以实现精神上的满足感与尊贵感；其二、购买人群越来越渴望和重视自然的生态环境，因为在都市生活中，有太多的高楼大厦、钢筋混凝土、高负荷的精神压力……他们更希望回家之后置身于绿色空间，去触碰泥土、植物的芳香，让心灵得到宁静。

其实在社区景观设计中，我们经常会提倡景观式"慢生活"，它是一种生活态度，是一种健康的心态。这是相对于当前社会匆匆忙忙、纷纷扰扰的快节奏生活而言的另一种生活方式。我们希望通过我们的景观设计，让下班回家后的生活节奏放慢，让疲惫的身心得到放松。

COL: 现在城市的土地紧张，居住景观的风格常很难有特色，有很大的雷同，您觉得该如何做些突破？

潘军标：这点我不得不提日本的六本木新城，在日本这个土地面积相对小的国家，六本木新城打破了常规的城市规划模式，将都市生活流动线由横向改为竖向，建设了一

>

Pan Junbiao>>Build the
Residential Environment
and Slow the Life's Pace

个"垂直"而不是"水平"的都市，扩大了
公共空间的开阔性，也大大提高了绿视率，
使其成为当今世界上最受关注的新兴规划都
市之一。

　　中国虽然地大物博，但在城市快速发展
的今天，地区土地也开始寸土寸金，住宅小
区的楼层越来越高，平面绿地面积越来越小，
如何利用有限的土地面积营造更多的绿色，
增加绿化总量和绿化覆盖，提高小区绿化
水平，成了吸引业主入住的重要条件。所以，
我觉得在社区景观建设中，应该提倡垂直绿
化的运用，充分利用墙壁、阳台、窗台、屋顶、
棚架等空间，栽种攀援植物，增加绿化面积，
改善居住环境。垂直绿化植物能起到立体绿
化的效果，不仅可以弥补自然绿地的不足，

丰富绿化景观，还能增加植物景观的层次，同时具有明显的生态效益，如降低空气温度、减少灰尘、噪音等。

COL： 设计和施工需要做哪些协调使居住景观的效果更好些？

潘军标：在中国，大部分居住区景观项目，基本是设计和施工各自独立，这样的模式我们不难看到会形成设计与施工脱节的问题。开发商花血本请一流的景观设计公司设计，但是最后实施效果却不是很理想，原因就在于设计和施工没有很多沟通。所以，如何让设计和施工做到更好的协调，使项目更顺利地开展，是很多开发商头痛的事。

为了避免设计、施工的脱节问题，我们公司一直承担着居住区景观的设计角色和施工角色，一直秉承"设计——施工管理一体化"的理念，以设计为龙头，施工配合设计，把"人、财、物"最佳地组合到工程建设项目上，以减少管理资源的浪费，真正实现风险与效益、责任与权力、过程与结果的统一。

任何项目的开展都有其制约因素，例如业主对项目建设要求、对项目成本的控制等。"设计——施工管理一体化"的工程总承包模式因能提供社会化、专业化和商品化的服务，比传统模式具有更多优势，既合理利用了社会资源又引入了市场竞争机制，一方面强化了投资风险约束机制，分散了项目法人的风险，减轻了项目法人的工作量，克服了设计、采购、施工等相互制约和脱节的矛盾，使这些环节有机地组织在一起，整体统筹安排，既节省了投资，又提高了工程建设管理水平；另一方面对于保证建设项目的顺利实施和建设目标的实现起到保障作用。

"设计——施工管理一体化"，将使总承包单位在项目设计过程中充分掌握项目的重点、难点及在施工过程需注意的各项要点，一旦进场将能大大缩短项目的磨合期。在施工期间则更有利于建设单位的项目管理，减少在实际施工过程中的各种协调环节。

一般在绿化设计中，还经常会出现一个问题，就是植物设计的规格、树型和实际难统一，这样也会使景观效果大打折扣。作为设计师，我们不能做无本之木，所以"设计——施工管理一体化"，首先会考虑在项目 200 km 辐射范围内的苗源储备量。同时，公司具备大规模的综合性苗圃，可以解决施工时苗源的供应问题。

宜昌桃花岭国宾馆
——高雅·舒畅.

项目信息 ≫

项目地址： 湖北宜昌市

设计单位： 武汉市中创环亚建筑景观设计工程有限公司

项目委托方： 宜昌桃花岭饭店股份有限公司

景观面积： 16 000 m²

+++

Taohualing Hotel, Yichang
—— Elegance, Comfort

项目说明

  宜昌桃花岭国宾馆位于宜昌市中心，设计定位为打造一个坐落于市中心的高档休闲会所，在繁华拥挤的城市中营造一种宽松的奢华，创造一个安全、文明、高品质的区域性国家外事宾馆。在文化营造上，汇聚文化多元性，深化民族文化内涵，体验文化精品，平衡阴阳之道，打造时尚低调艺术的品味。

  大门对景的设计，用高精致手法打造一个高品味、具内涵的雕塑装置，使之成为一个令人印象深刻的场所。中心密林区保持原有的宁静平缓气氛，并且通过设计手法保持密林中视线的通透及通风效果。广场设计保持原有的开敞感，运用适当的材质和装置，注重广场的垂直设计。采用可移动设计，进行空间围合，使停车场具灵活适应性。庭院的设计充分尊重当地的文化，营造迎宾园、三峡院、阑花苑、桃花苑四个不同氛围的空间。

Taohualing Hotel, Yichang
—— Elegance, Comfort

厦航·高郡
——人性·生态·丰富

项目信息 》

项目地址： 福建厦门市

景观设计： 瀚世景观规划设计有限公司
HANCS Landscape Planning Co.,Ltd.

项目委托方： 厦门航空同翔置业有限公司

基地总面积： 约 4 万 m²

性质： 多功能住宅

设计时间： 2009 年 11 月

设计师： 赖连取，范晖

++

Gaojun, Xiamen Airlines
——Humanity, Ecology, Richness

项目介绍：公园式住宅景观

一、设计理念

以生态、亲人性、艺术性为景观的设计理念，融入"舒适生活、自然和谐"的设计元素，创造感性的、可观可游的环境，成为融"自然、优美、休闲"为一体、远离城市喧嚣的自然园林和现代高品质景观的社区。设计构筑维系业主生活和自然生态紧密关联的生活场所。使业主之间、业主与大自然之间都能有一个自由交流的空间环境。让人们时刻都能够亲近大自然，使人们的各种感觉在景观空间中升华为精神情感的交流。设计上追求空间、时间、动静的变化特色，在私密与开放、四季交替及各种景观元素的变化中，透过大自然与人文创造的各种独特元素，融合人体的五种感官，演绎出富有保健性、互动性、教育性、观赏性的高品质现代居住环境。

二、设计特色

1. 入口

园区有 3 个入口，建筑与景观环境巧妙结合，不同的区域选择各具特色的小品体现区域的主题和特色风情。通过 3 个入口步入园区的景观区，展示出不同的景观视觉感受。南主入口豪华典雅，展现尊贵与典雅的气质。西、北入口是以人为本的自然生态场景，并加入了雕塑小品呼应园区整体的特色与生态。这些入口具先导性地展示了厦航高郡的高雅与自然和谐共生的新生活理念，使其成为新生活方式的时代社区。

极富现代感的入口，大块的黄锈大理石铺装，配以多层小叠水，既大方又活跃，既弱化了硬质景观，又凸显了出入口，提高了小区的档次；结合色彩缤纷的上层中型乔木，中层亚热带中东海枣植物，低层特色灌木，使整个广场四季有致。大门以现代的简约设计，同样让人难以忘怀。大门可以引导一系

列令人兴奋的开始，访客有必要的路过，却有欣赏别样景观的收获，这给访客产生了持久的印象。

2. 水

以"水与绿茵"为主题，运用大量的水元素设计，为小区生活带来了活力。时而欢快、时而奔腾、时而静静流淌、时而跌水湍湍……水流以动衬静，给人带来祥和宁静。小区的景观也因此而千变万化，流水汩汩、水声盈耳；部分道路与水面衔接，亲水感更强。山丘、草坪与水景相互交融，为人们创造出生动有趣的空间互动感和生气勃勃的休闲氛围。游泳池、凉亭、健身区、大片的高尔夫球场、空中花园、游乐场等，无不显露出高贵现代化的小区环境，吸引了各年龄层的用户群体。

3. 道路

首先满足行车行人的安全使用，其次采

用灵活多变的形式，营造花境、曲径通幽等景观。小区道路在保证路面强度前提下，以硬质铺装作为整体的道路路面，局部应用大块花岗石、卵石和米黄色水刷石。地面铺装材料主要选用以黄锈石为主，加上米黄色水刷石、板岩等，取消一些硬质地面，柔化路面，确保小区环境清新朴质、丰富自然。

4. 空间

景观设计将每个功能空间自然过渡，既能相互共享自然景观又能很好地保证每个组团内的私密性。小区和外界空间通过丰富的植栽巧妙分隔，又能很好地与周围自然环境相结合。既有密植丛林、游乐健身区、水上空间、休闲广场，又有缓坡草坪，让整个小区住入在公园内。整园设计充分考虑入口空间的标志性、导向性、安全性等功能，同时还利用植栽、水景、雕塑小品等景观元素深入刻画了园区的现代景观风格，营造出自然舒适、健康安全、品位高档的尊贵感受。

5. 绿化

植物景观设计突显"香"的主题，配置多种芳香植物，同时强调季节的变化，选用种植不同层次、品种多样的花草树木，形成可观、可游、可憩的风景园林。公共组团区的设计以简为主，强调老人与儿童活动的安全以及对首层住户私密性的保护，体现以人为本的设计理念。小区车道两侧林荫设计考虑季节与采光变化的要求，东西向道路用落叶乔木，以保证花园冬季的阳光；南北向道路用常绿乔木，使四季常绿，沿途景色常新。运用多种常绿、落叶树混植，丰富了道路景观、柔化了建筑，使道路四季有景、丰富变化。小区外围绿化具有阻隔外人、消除废气、降低噪音、营造区内景色的多重作用。采用乔木、花灌木、地被、草坪等多层次的绿化设计，做到依据建筑对每一株植物的精心设计。同时选种多采用当地树种，尽量提高绿视率，使得在小区内行走，到处都能看到自然的树木和花卉。透过有高密度的植栽区域与空旷的草坪区域的空间变化，使人感受到"曲径通幽"的氛围。考虑植物的造型及植物间的层次感，选用观叶植物、观果植物、垂吊类的立体植物、宿根花卉以及诱鸟树等多用途的植物，形成"树引鸟、鸟吃虫、虫肥土、土养树"的社区平衡、稳定、丰富的生态食物链，争取在社区花草树木养护上不用农药、化肥、激素等污染源，减少人为造成的社区环境污染，形成可持续发展的生态环境和生机勃勃的自然景象。

Gaojun, Xiamen Airlines
——Humanity, Ecology, Richness

让景观写在建筑上
呈现一番别有洞天

陈佐文

BHL（美国）环境建筑师联合会主要成员

上海贝伦汉斯景观建筑设计工程有限公司设计总监

++

Chen Zuowen>>Let Landscape Write in Architecture, Showing Magical Scene

COL： 您的作品中，哪个项目是您比较满意的，有什么特点？它对周围的建筑的价值有什么作用？

陈佐文：我从事建筑和景观行业20余年，做过的项目有很多，不能简单地说哪个比较满意，它们各有各的特点。有一些特定的项目，其所处的地理环境以及外部条件比较特别，自然条件得天独厚，景观价值高，容易出效果。在这些作品中，相对而言杭州千禧度假酒店就是其中一个很突出的案例。

该项目位于杭州市西湖区九溪路15号，倚靠屏风山，紧邻著名的九溪十八涧。项目用地在一个山坳中，辖区内密林、峡谷、草地、水溪等自然景观元素十分丰富。该酒店依山傍水，是隔溪相望的一组建筑群。在此基础上，景观设计把建筑室内空间延展到建筑外部，使内外空间合为一体，并进一步融入大自然，实现了人文景观与自然景观的高度和谐。宾客可以从室内自然过渡到室外，最后置身于大自然的怀抱中，修身养性，物我两忘。

在这个项目中，景观设计提升了基地的

景观特点，也提升了建筑本身的观赏价值。建筑主体融入到自然景观之中，形成一个有机整体，同时也成为自然景观中的一个亮点。景观设计好比是粘合剂，通过它将孤立的建筑空间与外部空间糅合在一起，使二者浑然一体，将项目的地域特点、生态条件发挥到极致。

COL: 您认为建筑和景观该如何更好地融合？在设计、施工时需注意哪些？

陈佐文：关于建筑与景观怎样更好地融合，我在前面已经有所阐述，要进一步诠释这个问题，我想首先景观营造的是外部空间，而建筑是外部空间的一个组成元素。建筑有其特定的区域、位置，好的建筑应该是与环境相协调的，不会孤立于周边环境。景观设计所要做的就是让建筑与景观更好地、充分地融合。

还是以杭州千禧度假酒店为例，设计中充分考虑建筑外部空间与自然的相互对话，在选材、竖向设计、外部形态设计中依据原有的地形、地貌，因地制宜，最大限度地利用原有资源，尊重自然，尽可能少地改变原有空间关系，减少破坏。这是我们一贯的设计理念，也是设计、施工时需注意的问题。

COL: 您认为景观在一个完整的项目中有哪些作用？

陈佐文：景观相当于粘合剂。在一个完整的项目中，建筑、自然、地形地貌、周边各种环境特征等等作为要素，景观设计把这些要素有机地结合在一起，形成一个整体。景观的介入，使建筑成为景观元素之一。景观设计不但要满足周边环境给人的视觉效果，还要满足人们活动的功能性、参与性需求，综合考虑交通功能、休憩功能、动静区域划分等诸多因素，使项目最大化地为人服务，即"以人为本"的设计原则。

COL: 在什么样的项目中，建筑依附于景观？它们是如何搭配的？

陈佐文：在以景观环境为主体的项目中，比如风景区规划、湿地公园、森林公园等，在此类项目中，建筑作为环境的一部分，提供功能性服务，既依附于景观，也自成一景。所以这类项目应该根据整体环境的特点先行做好合理的景观规划，与建筑师一起，让建筑融入自然环境，成为景观的一个组成部分。

我们在西安浐灞一个大型综合体项目的设计过程中，就是遵守"景观先行，建筑依附"

的规划设计原则，在充分尊重自然环境的前提下，尽量保留其现有陕北高原原生地貌，对基地内的生态河流、天然沼泽、高原、陡坎等多样化的地形地貌进行梳理，合理布局，精心设计，将建筑综合体巧妙地引入其中，努力打造既有浓郁地方特色又有鲜明时代特征的国际化城市区域中心。

COL: 有种说法是"景观是在美丽的变老"，甚至可以说是不会变老，建筑则往往越来越陈旧，所以是不是说明景观对建筑的表现具有绝对增加活力的作用？

陈佐文：建筑和景观的关系犹如花与叶的关系，二者相互衬托，不可或缺。随着时间的推移，二者的结合只会越来越紧密。岁月流逝，老建筑所积累的文化、历史背景经过时间的沉淀，与周边环境浑然一体，散发出独特的魅力。当然，随着技术的进步，建筑材料、建筑功能也在不断地发展，新旧交替不可避免。现在很多旧城改造项目中，通过整体规划和设计，修缮、梳理、改建、打造，使老建筑既有历史感，又有时尚风貌，焕发出新的光彩。上海的"新天地"、"老码头"就是其中代表。物质会老去，但人的创造力永远是鲜活的。

营造梦想户外生活

自然是生活之本，园林的诗意生活是对自然的充分解读，将生活融于自然之中，顺势而生，因势而造，顺着和谐兼容的本意，和『人本自然』的思想，让生活与自然完美融合，给人以身心的极大愉悦，不用高山远水，即能放松心情，怡然自乐。

WEME

WEMECHINA 唯美景观·中国
Creating Fantastic Outdoor Life
营造户外 梦想生活

上海唯美景观设计工程有限公司
Shanghai WEME Landscape Engineering Co.,Ltd.

公司地址：上海市徐虹中路20号西岸创意园2-202室（200235）
ADD: Xi'an Studio, 20 Middle Xuhong Rd., Room 2-202, Shanghai , China（200235）

园林规划 园林工程
高尔夫景观设计

已通过 ISO9001：2008 质量管理体系认证 　　http:// www.wemechina.com

公司总机: **021 - 61122209**

设 计 源 自 然

杭州林道景观设计咨询有限公司由资深景观设计师陶峰先生与2002年创立于杭州，通过十年的景观设计积累，作品涵盖了住宅景观、公园景观及酒店景观。融合室内设计团队、建筑设计团队展开了由内到外的景观设计手法，创造并提供了具有活力与价值的景观空间，成为人与自然对话的空间媒介，关注景观的可持续发展，关注现代人们对生活品质的最求。以创意前瞻的设计理念，良好的客户服务，高效的团队合作精神，获得客户的一致信赖和好评。

◆设计涵盖：
房地产景观设计 / 高档酒店景观设计 / 公园、风景区等景观设计

杭州林道景观设计咨询有限公司

ADD：浙江省杭州市中河中路258号瑞丰商务大厦6楼
TEL：0571-87217870 | P.C.：310003 | URL：www.hzlindao.com

东莞市岭南景观及市政规划设计有限公司

• 关于我们

东莞市岭南景观及市政规划设计有限公司成立于2002年，拥有风景园林工程设计专项甲级资质(资质号A144007813)。

设计服务涵盖风景园林规划设计、城市绿地系统规划、市政道路广场景观、旅游风景区、高档别墅景观、居住区景观 环境等数个领域。业务立足东莞，遍及珠三角地区、辐射海南、山东、四川、重庆、湖北、广西、甘肃等十几个省市。

公司从打造学习型团队出发，吸引策划、园林、规划、建筑、结构、水电、管理等多方专业人才，逐渐成为一支设计行业精英团队。依托岭南园林集团数十年积淀，我们在景观设计、设计管理、施工衔接及细节把控等方面具有突出优势。

公司总部:广东·东莞·东城区光明大道27号岭南大厦　　TEL: 0769+23034255　　FAX: 0769+23030755

深圳分公司:广东·深圳·南山区华侨城东部工业区恩平街E4栋205　　TEL: 0755+26933080　　FAX: 0755+2693303

设计院众多专家学者具有丰富的理论学识和实际工作经验,曾承担农业部、国家科委(科技部)、北京市科学技术委员会和北京市自然基金委下达的多项科研项目。通过实现优势共享,以探究景观科学的深层运行原理,实现可持续的景观发展途径为目的,在积极开展理论研究的同时,保持和社会接触,承担了国内外多项景观规划设计、咨询、培训等方面的任务,并取得了较好的社会效益和经济效益,同时为社会培养了具有实战意义的景观设计人才。

设计院以创建美好城乡新面貌为己任,面对时代发展的新特点拓展传统学科领域,着眼城乡建设宏观格局提供有针对性地规划方案,得到了社会各界的普遍认可。

设计院在实践中,通过及时总结设计经验,先后出版了《园林设计》、《园林景观设计》、《景观工程》(面向 21 世纪课程教材)等专著和多篇论文,还担负劳动与社会保障部景观设计师培训任务,与北京大专院校和设计院建立了广泛深入的联系。多年来,在科研与推广的结合中,积累了丰富的经验,并有助于在实践中发现问题、研究问题、解决问题。

在这个远离自然又远离自我的时代,世上充满了各种人工的安排,用心的,我们称之为有设计。景观,从外在物象层面去理解,可以被看作人类在世上经过而留下的印迹。往深里看又能发现,为让一个美好世界产生,无数精英殚精竭虑、备受磨难。其中无数令人感佩的智识往往只能成为未现之景观而供后人追忆缅怀。这不免使人常常在心底轻轻地问上一句: "这个世界美好吗?"。或许正是这类疑虑成就了我们的存在:为天地立心,舍我其谁! 借与诸位同道共勉!

李征
主要负责人

中国农业科学院高级工程师
中国农学会科技园分会理事
国际园林景观规划行业协会常务理事
中国绿色基金会创意产业分会专家
北京都会规划设计院院长

都会

北京都会规划设计院

地址:北京市海淀区中关村大街 12 号中国农业科学院区划办公楼 508 室　邮编: 100081　电话: 010-82105059/51502669

传真: 010-82105057　网址: http://www.biompad.com　E-mail: bidbig@biompad.com

地坪
Flooring

北京西奥兴业园林景观工程有限公司

联系电话：010-57295615（业务部） 13401126762（技术部）
QQ：1105104881
E-mail：1105104881@qq.com
公司官网： http://www.xiaost.com.cn
公司阿里巴巴 http://bjxaxy1688.cn.1688.com
地址： 北京市大兴区首邑上城 40 号楼 2 单元 605 室
邮编： 102627

天然透水彩石地坪

彩色压印地坪

彩色透水混凝土地坪

现浇植草地坪

地坪是各种地面的统称，是指通过某些特定工具、材料并结合相应施工工艺，最终使地面呈现出一定的装饰效果及特殊功能的一类产品。艺术地坪是在沿用传统园林工艺基础上发展的一种新装饰工艺，它独具特点、形式多样，景观应用及环保价值较高，对于美化、改善人居环境具有重要意义。

北京西奥兴业园林景观工程有限公司成立于2006年，前身为北京西奥兴业科贸有限公司。公司长期致力于新材料、新工艺的创新研发，通过西奥人的不懈努力，现已发展成集地坪景观设计、研发和施工为一体的专业化景观园林工程公司。

公司提供的产品有：彩色透水混凝土地坪，露骨料彩石混凝土地坪，天然透水彩石地坪，压印地坪，现浇植草地坪，金刚耐磨地坪，环氧地坪等。产品先后用于北京奥运工程、西安大明宫广场、上海世博会广场、锦州园博会、北京园博园等国家重要工程，累计完成500 000m² 各类地坪，获得了用户的好评，并逐渐成长为行业内有影响力的专业地坪供应商。

公司先后通过了ISO9001质量体系认证，ISO14001环境管理体系认证，并将管理体系贯彻到从设计到施工、服务的每一个环节中，努力为客户奉献精品工程和优质服务。

上海古猗园
景观水体生态修复

+++

Ecological Restoration of Waterbody of Gu Yi Garden, Shanghai

修复前

项目信息 ≫

项目地址： 上海

施工单位： 太和水环境科技发展有限公司

项目面积： 20 000 m²

项目完成时间： 2012 年 4 月

修复后

修复后

项目背景

　　古猗园位于上海嘉定南翔镇，始建于明朝万历年间，具有古朴、素雅、幽静的特点，占地 146 亩，为上海五大古典园林之首，被誉为江南古典园林的奇葩。古猗园景致独特，引人探古问胜；以猗猗绿竹、幽静曲水、典雅的明代建筑、韵味隽永的楹联诗词以及优美的花石小路五大特色闻名于世。

修复后

修复后

修复后

**Ecological Restoration
of Waterbody of Gu Yi
Garden, Shanghai**

项目介绍

古猗园景观水体水深约 1.5 m，面积约 20 000 m²；其水体与外隔绝，百亩之园，溪流千米。以方池和狭长形的水池形态为主，多弯曲折贯通全园。

古猗园景观水体生态修复于 2011 年 10 月开工，于 2012 年 4 月完工，历时 200 天。修复前，水体藻类污染严重，水质浑浊，为劣 V 类水，底泥发黑，富营养化严重，水体基本丧失了自净功能，严重影响园区景观。

古猗园景观水体采用太和水环境科技发展有限公司核心技术 ——"食藻虫"引导水下生态修复技术，利用食藻虫滤食水体中的藻类、有机悬浮物颗粒等，迅速提高水体透明度，再配以该公司驯化改良的水下草皮等沉水植物，构建水下生态系统，逐步引入螺类、虾类、景观鱼类等水生生物，恢复河道完整的生态系统和自净功能。园区水体自 2012 年 4 月修复成功以来，生态系统运行良好，主要水质指标 TN、TP、NH₃-N、COD、DO 等达到国家地表水 Ⅲ 类水标准，透明度达 2.5 m，清澈见底，水质常年保持清澈、洁净。

在修复之初，太和水环境科技发展有限公司在水下造景、水生植被设计时，充分考虑该园区水体对水质、景观及其生态价值的潜在要求，在水生植被配置时，注重季节更替、四季常绿，各种水生植被交相辉映、错落有致、层次分明、季节颜色有变换的全生态水下立体景观，兼顾水面与园林规划，水下、水面与陆地景观相互协调，把古猗园打造成"生态"、"景观"、"水清"、"气净"的生态景观园区。

广州茏腾园林景观设计有限公司

广州茏腾园林景观设计有限公司是一家专业的园林景观设计机构，提供小区及别墅园林景观设计、市政园林景观设计、酒店及度假村园林景观设计、风景区规划设计等，从概念设计到施工图设计的一条龙服务。项目遍布全国多个大中城市，部分项目获得国内及国际大奖。

山东莱州天承·御龙居
Tiancheng ROYAL DRAGON CITY, Laizhou, Shandong

项目地址：山东莱州
项目类型：居住小区景观
设计单位：广州茏腾园林景观设计有限公司
项目面积：7.1 万 m²
设计时间：2011 年
主要设计人员：马士龙、李毅虹、何碧兰

项目说明

山东莱州天承·御龙居小区景观以新古典主义风格为主，吸取古典园林的设计元素，应用新材料，融合西方园林的尊贵精致和中式园林的自然舒适，形成中西合璧的新景观，同时项目还注重景观与建筑的融合，以"御龙"为主线，将设计定位于尊贵、优雅、休闲、宜居，打造出高品位多元化的生态居住小区。

在龙的神性中，"喜水"位居第一。小区中两条蜿蜒绵长的水系宛如两条灵动巨龙，盘居在小区中央，为周围居民带来瑞气、福气。水系周围的节点景观分别以五福中的"寿"、"富"、"康宁"、"攸好德"、"考终命"为主题，寓意"双龙赐福"。御龙居以龙为主题，将龙的精神布置于整个园林景观中，形成 8 个风格各异、神韵相连的景观区，分别命名为"入口景观区"、"御龙苑"、"龙腾轩"、"聚宝潭"、"品香台"、"观龙廊"、"卧龙林"、"观龙阁"。

小区园林布局为"一中心、一环、二轴、二水、六轩"，彰显新古典园林的尊贵和典雅。

> **太原香檀一号**
> **Sandalwood Mansion, Taiyuan**

项目地址：山西太原
项目类型：居住小区景观
设计单位：广州茏腾园林景观设计有限公司
项目面积：4.2万 m²
设计时间：2011年
主要设计人员：马士龙、李毅虹、何碧兰

项目说明

太原香檀一号小区景观采用"雅致、隽永，不乏王者霸气"的设计思想。设计师依据现代都市夜晚美丽星空日渐稀少的现象，设计出一个可以放松愉悦的惊喜——"星之河"，同时"水之精"又是以各种形态的水为媒介，经过灯光的特殊处理和精心设计，通过各种折射、反射等手法，将小区的夜晚打造出星光闪烁的效果。园林设计整体自然、宛若天成，局部重要节点精雕细琢、尊贵大气，塑造出一个独立、和谐、宁静、融洽的社区环境。

小区景观布局为"一中心、两环、三轴、四节点"，融入多种功能的活动空间，优美流畅的道路系统贯穿其中，极力打造一座气质高雅、内涵丰富、景观迷人、功能丰富的理想生态居所。

公司：广州茏腾园林景观设计有限公司
联系人：何先生
地址：广州市天河区中山大道建中路5号
　　　广海大厦海天楼603房
电话：020-85548685
传真：020-85575970
E-mail：ltdesign@vip.163.com
http://www.L-term.cn

上海/金地格林世界.白金院邸
THE WORLD OF SHANGHAI JINDIGELIN

我们坚信：我们是您最好的选择

贝伦汉斯环境建筑师联合会成立于1972年，2002年在上海成立了上海贝伦汉斯景观建筑设计工程有限公司(简称"BHL")，公司坐落在上海杨浦海上海创意园内，由著名旅英景观师陈佐文先生出任亚洲区首席代表，致力于为全球客户提供专业的景观设计服务和规划设计咨询。

公司成立以来，先后在北京、天津、上海、长春、大连、呼和浩特等地完成了诸多项目，其中北京领海、天津卡梅尔、长春力旺·弗朗明歌、呼和浩特阳光诺卡、金地格林世界白金院邸、天津水岸江南、鄂尔多斯东方纽蓝地均获得业界的认可和社会的好评。上海金地格林世界项目获得了"中国人居国际影响力楼盘"，长春力旺·弗朗明歌项目获得了联合国"最佳生态人居大奖"，天津卡梅尔项目获得了旅游卫视美庐天下评出的《最佳景观价值奖》和《最佳异域风情奖》。公司还在公共景观领域积极探索，以天津温泉度假村、天津天保湖滨广场、天津西站北广场等一系列作品中，展现其设计的多样性，对未来的发展充满信心。贝伦汉斯拥有三十多位优秀规划师、建筑设计师、景观设计师等专业设计人员，足迹遍布世界各地。每一个项目都呈现实用、高效、美观和以为人本的设计宗旨，以创造力和对自然的感悟塑造环境，为城市注入新的活力，为民众创造高品质的户外空间，提升共同的生活品质。在众多房地产开发商、旅游开发商及政府机构的高度认同下，贝伦汉斯正成为一支倍受瞩目的设计力量，创造出具有丰富文化内涵的生活新方式。

贝伦汉斯（美国）环境建筑师联合会
上海贝伦汉斯景观建筑设计工程有限公司
地址：上海市大连路950号海上海新城8号楼708室 邮编：200092
电话：021-33772906-211 传真：021-33772908

杭州八口景观设计有限公司
HANGZHOU BAKOU LANDSCAPE DESIGNING CO.,LTD.

滨水景观规划设计/主题公园景观设计/城市广场景观设计/住宅别墅景观设计/酒店景观设计/商业景观设计/室内设计/雕塑设计

杭州八口景观设计有限公司创建于2008年，是一家集滨水景观规划设计、主题公园、城市广场、住宅、别墅、酒店、商业景观设计及室内设计、雕塑设计等业务于一体的实力型创意设计公司。公司现拥有三十多名具备无限创意的优秀设计人才，同时拥有数位高级技术人员，是一支技术精湛、道德良好的优秀设计团队。

"求中国文化精髓　走八口创新之路"

联系地址：杭州滨江区白马湖创意园陈家村146号

电话：0571-88829201　传真：0571-88322697

邮箱：bkou88@126.com　网址：www.bakoudesign.com　QQ：379424751